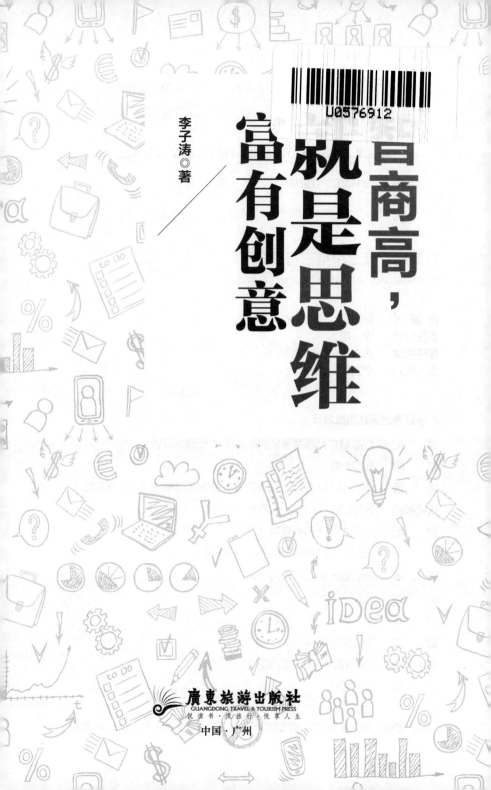

李子涛◎著

情商高，就是思维富有创意

廣東旅游出版社
GUANGDONG TRAVEL & TOURISM PRESS
悦读书·悦旅行·悦享人生

中国·广州

图书在版编目（CIP）数据

智商高，就是思维富有创意 / 李子涛著. — 广州：广东旅游出版社，
2018.3（2024.8重印）

ISBN 978-7-5570-1262-5

Ⅰ. ①智… Ⅱ. ①李… Ⅲ. ①思维能力 - 通俗读物 Ⅳ. ①B842.5-49

中国版本图书馆CIP数据核字（2018）第034363号

....

智商高，就是思维富有创意

ZHI SHANG GAO，JIU SHI SI WEI FU YOU CHUANG YI

出 版 人 刘志松
责任编辑 李 丽
责任技编 冼志良
责任校对 李瑞苑

广东旅游出版社出版发行

地 址 广东省广州市荔湾区沙面北街71号首、二层
邮 编 510130
电 话 020-87347732（总编室） 020-87348887（销售热线）
投稿邮箱 2026542779@qq.com
印 刷 三河市腾飞印务有限公司
（地址：三河市黄土庄镇小石庄村）
开 本 880毫米×1230毫米 1/32
印 张 7.5
字 数 143千
版 次 2018年3月第1版
印 次 2024年8月第2次印刷
定 价 53.00元

序 言

创意，一般说来，就是非常新颖和具有创造性的想法、策划与谋略。与传统相比，带有一定的叛逆，是打破常规的大智慧，是智慧的延伸。我们可以看看自己的生活，看看现在的世界，再回想一下过去，很难想象，如果人类没有创意，现在的生活将会是什么样子。

如果说在过去，创意的产生是为了让社会向前发展，那么在以后，创意对我们的生存而言，将是最基本的条件。我们每天都会面对新知识、新鲜事物和新出现的问题，在这个时候，我们不要将自己封闭起来，应该让自己接受它们。这能让我们从中获得不少启示，从而让我们的生活变得更加美好。

你是想做一个等待新鲜事物出现的人，还是想成为一个促使新鲜事物出现的人？你的选择，决定了你自己的生活方式。有些人想做第二种，但他们时常会抱怨自己没有机会进行创意。其实，创意每天都会在你的脑子里产生，关键在于你愿不愿意花时间去思考，让创意留下来。许多看似神奇的创意，其实就是我们看见平时最常见的东西时，能产生的属于自己的、与众不同的想法。

我们不要总是只做别人已经做过的事情，而是要从这些看似平常的事情背后寻找隐藏的不寻常，只有这样，我们才能找到创意的源泉。当我们做跟别人一样的事情的时候，不要以为别人做的就是完美的，我们要寻找一个全新的思路去完善它。比如读一本书的时候，我们要做到"眼到口到心到"，试着把作者的思想融入自己的大脑当中，想一想能不能用这些思想，创造出一种新的东西，开拓一片新的领域。

这个世界，如果没有了创意，我们会变得茫然。而如果你拥有了创意，它就有可能改变你的生活，带着你走向成功！

目 ➡ 录

第 1 章　高智商的人都富有创意

创意，就是传统的叛逆，是打破常规的哲学，是破旧立新的创造与毁灭的循环，是思维碰撞、智慧对接，是具有新颖性和创造性的想法。

第 2 章　创意来自奇思妙想

一般而言，我们只能感知一些事物的某些组成部分或某些发展环节，很难对事物的整体有完整清晰的认识。但在它们的薄弱之处，我们可以用想象来加以充填，如同豹子身上的"斑"，我们只有一点一点地将"斑"充填完整，才能使这只豹子生龙活虎般地动起来。

第3章　捕捉灵感的一瞬间

灵感对于创意来说，是创意的启明灯。有时候一个灵感，能给人带来眼前一亮的感觉，于是便有了自己新的想法，有了自己的创意。

第4章　任何时候，打破思维定势

对于人们而言，一个好的点子往往能够带来意想不到的结果。如何才能有好的点子呢？这就需要我们先打破自己的常规思维，从不同的角度来看问题。

第5章　条条道路通罗马

很小的时候，我们被标准答案束缚了思维。当我们想跳出这个圈子的时候，我们才发现已经晚了。所以，从现在开始，摆脱标准答案的束缚，让我们的思维跳动起来，来拥有属于我们自己的思想！

第6章 千呼万唤始出来

创意和方法一样，只有更好，没有最好，当我们愿意开动脑筋去找的时候，我们就有可能找到新的出路。

第 7 章　突破规则，谋定而后动

同样的竞争市场，同样的勇气，同样的资历，还有同样跃跃欲试的梦想，失败和成功相差的就是那么一点点小小的创意。

第 8 章　玩的就是敢于冒险，绝处逢生

创意就是要独树一帜、与众不同、别出心裁、不落俗套。可要想做到这些，就需要敢于冒险、善于冒险。

第 9 章　拼的就是智商和情商

众多富豪们借鸡生蛋、借壳上市、借船出海，都是出色创意的实践，每一次，自己的财富都扩大数倍。所以，真正的策划人，都是善于"四两拨千斤"，以"创意"取天下的。

第 10 章　要的就是惊世骇俗

世界上最伟大的创意和发明，都源于懒人想少走几步路，嘴馋的人想吃更可口的美味，还有那些异想天开的联想。

第 *1* 章
高智商的人都富有创意

创意，就是传统的叛逆，是打破常规的哲学，是破旧立新的创造与毁灭的循环，是思维碰撞、智慧对接，是具有新颖性和创造性的想法。

人生别输在创意思维上

英国一家报纸举办一项高额奖金的有奖征答活动。题目是，在一个充气不足的热气球上，载着三位关系人类兴亡的科学家，热气球即将坠毁，必须丢出一个人减轻载重。三个人中，一位是环保专家，他的研究可拯救无数因环境污染而身陷死亡噩运的生命；一位是原子专家，他有能力防止全球性的原子战争，让地球免遭毁灭；另一位是粮食专家，他能够使不毛之地长出谷物，让数以亿计的人们脱离饥饿。

因为征答的奖金十分丰厚，观众们纷纷寄来信件参与活动。他们众说不一，有的甚至很仔细地对三位科学家的贡献作了分析权衡。可是，让人们想不到的是，巨额奖金的得主却是一个小男孩。而这个小男孩的答案——把最胖的科学家丢出去。

复杂的不是问题，而是看问题的眼睛。人们在考虑问题时，总是把自己生平积累的所有经验和知识加进去，殊不知，这不只是一个人的思维惯性，而且也是阻碍我们进一步思考和创意的包袱。当我们面对难以解开的局面时，只有突破定式，打破常规，以创意思维来解决问题，才能解决许多用常规思维不能解决的问题。

多年以前，丰田公司发现，世界上有许多人想购买奔驰车，但由于定价太高而无法实现。于是，丰田公司的工程师放手开发了凌志汽车。

丰田公司在美国宣传凌志时，将其图片和奔驰并列在一起，用大标题写道：用 36000 美元就可以买到价值 73000 美元的汽车，这在历史上还是第一次。经销商列出了潜在的顾客名单，并送给他们精美的礼盒，内装展现凌志汽车性能的录像带。

录像带中有这样一段内容：一位工程师分别将一杯水放在奔驰和凌志的发动机盖上，当汽车发动时，奔驰车上的水晃动起来，而凌志车上的水却没有动，这说明凌志行驶时更平稳。面对这一突如其来的挑战，奔驰公司不得不重新考虑定价策略。

但出人意料的是，奔驰公司并没有采取跟随降价的办法，而是相反，提高了自己的价格。对此，奔驰公司的解释只有一句话：奔驰是富裕家庭的车，和凌志不在同一档次。奔驰公司认为，如果降价，就等于承认自己定价过高，虽然一时可以争取到一定的市场份额，但失去市场忠诚度，消费者会转向定价更低的公司；如果保持价格不变，其销售额也会不断下降。只有提高价格，增加更多的保证和服务，如免费维修 6 年，才可以巩固奔驰原有的地位。就这样，奔驰公司没有墨守成规，而是以超常的思维和手段，化被动为主动，摆脱了来自凌志的挑战。

其实，在任何方面，我们都可以出其不意、独辟蹊径地解决问题。我们迫切需要打破固有的观念和思维方式，敢于跳出条条框框，多一分创意思维往往会取得意料不到的好结果。

要懂得创意思维的力量

1840 年，有一个叫亨特的法国青年爱上了一个中产阶级家庭的姑娘玛格丽特。他诚恳地上门求婚，请求玛格丽特的父亲把女儿嫁给他。

但是，玛格丽特的父亲不想把自己的女儿嫁给这个穷小子，于是答复他说："如果你在十天内能够赚到一千美元，我就同意你们两人的婚事。"

亨特回家后，陷入了深深的苦闷中，一千美元对于他来说简直是个天文数字。为了钟爱的玛格丽特，也为了争一口气，让玛格丽特的父亲不再小看自己，他冥思苦想，决定搞一个发明创造，然后将专利卖掉，尽快在十天内赚到一千美元。

但是究竟设计什么呢？亨特废寝忘食地寻找目标，并绞尽脑汁去尝试。爱情和自尊的力量使他很快选准了目标：人们在欢庆的场合，都习惯用大头针在衣服的前襟上别一朵花。可是大头针很不安全，经常把人的手或是身体扎破，有时还会自己脱落。于是，亨特产生了灵感——如果将铁丝多折几道，再把口做成可以封住的，不就有了既方便又安全的戴花别针了吗？他剪下两米左右的铁丝试做，反复试验，终于设计出了现在使用的曲别针的雏形。大功告成之后，亨特飞奔到专利局，申请了专利。

很快，一个消息灵通的制造商问亨特："你这个发明专利要多少钱？"

亨特一心只想把玛格丽特娶到手，便毫不犹豫地回答："一千美元。"

一拍即合，制造商当场就和他达成交易。

亨特拿着一千美元的支票跑到了玛格丽特家。玛格丽特的父亲听完亨特讲述的赚钱经过后，先是笑了一下，随即骂道："你这个笨蛋!"原来他嫌亨特太老实、太性急，这样的发明可至少能值十万美元。但亨特还是用曲别针敲开了紧闭着的求婚之门，最终获准和自己心爱的人成婚。

在结婚的庆典上，朋友们请亨特说一说求婚的体会。他认真说道："这个世界对于善于思考和懂得创意思维的人来说是喜剧，对于不善思考的人而言却是悲剧。只有善于思考的人，才是力大无穷的。地球上最神奇、最瑰丽的花朵，就是思考。"这番话赢得了在场观众的热烈掌声，并让其岳父对他刮目相看。

正确的思维是正确行动的前提，只有良好的动机，未必有良好的效果。人生只有勤劳是不够的，重要的是要有创意，懂得思维的力量。推动人生航船的不是帆，而是看不见的风。所以，我们要学会利用风，利用思维的力量。良好的思维对人的成功很重要，对于善于思考的人来说，只要下决心，就一定会成功。

寻找创意的可能性

"思维对象的属性"，是每一种事物或现象所具备的性质。这种性质使得一个事物区别于其他的事物。当两个以上的事物放在一起作比较的时候，它们各自不同的属性就能够充分地显示出来。

从整体上来说，任何一个事物都具有无穷多的属性。从每一个具体的对象来说，它所具有的属性也是无穷多的。比如，一块普通的面包有烤黄的、松软的、散发香气的、甜味弥漫的、长条形的、白面做的、温热的、特定面包厂生产的或特级师傅做的、在特定季节特定时候做的等属性；再比如，冰箱的高度、颜色、价格、产地等用来描述这台冰箱特征的，都是冰箱的属性；还比如，在你隔壁房间的某个人，他是男性、黑头发、平板足、中等身材、高鼻子、态度和蔼，既是爸爸也是儿子，有时是学生有时是教师，是某女士的丈夫、某男士的朋友，还是乘客、旅客、顾客、观众、消费者、某书作者等，这些是他的属性。

人们可以根据需要把对象的某一属性提到首要地位去研究，即人们可以从特定方面、不同的角度去研究某一对象。例如，"水"这一对象具有物理方面的属性，也具有化学方面的属性。当人们从物理性质方面来考察"水"时，是研究它的物理形态：液体、具有涨缩和压力，无色、无味，密度为1，在一个标准大气压下沸点为100℃、冰点为0℃；而当从化学方面考察"水"时，就首先考虑到，它是由氢和氧构成的化合物，其化学分子式为 H_2O……所有这一切，都是人们根据生产、生活、工作等方面的需要，从不同的角度研究水的属性的表现。

某一对象的属性有的是特有属性，有的是共有属性。特有属性是指为一类对象独有而其他对象所不具有的属性。人们就是通过改变创意对象的特有属性来寻找创意。

德国哲学家莱布尼茨曾给当时的国王讲哲学。莱布尼茨说："世界上没有两片完全相同的树叶。"国王不相信，就让宫女们到后花园去找"两片完全相同的树叶"。结果不用说，宫女们折腾半天，一个个空手而回。

别看一片小小的树叶，如果细细考究起来，它所具有的属性同样是无穷多的：长短、宽窄、厚薄、色彩的浓淡、边缘的锯齿形状、中间的脉络走向……而其中的每一种属性都可以再细分出许多种。要想找出两片其各自无穷多的属性完全吻合的树叶，显然是办不到的。

树叶是这样，每一种事物是这样，每一种现实问题也是这样。然而，我们经常受到各种因素的约束，对同一种事物和现象只能够看到它的一种或少数几种属性，并且满足于此。在思考问题时，某个问题能够找到一种答案，我们就以为万事大吉了，不愿意或者根本就想不到去寻找第二种乃至更多的解决方案。这些想法都限制了创意活动的进行。

创意可以是无穷多的

这个世界上存在着无穷多的事物，产生着无穷多的现象。在自然界，大到日月星辰，小到尘埃微粒，无穷多的事物散布在我们周围；在人类社会，有无穷多的事件发生在我们周围。正如希尔伯特所言：无穷是一个永恒的谜。而破谜、揭秘是人的天性，它为人们的创意提供了无限多的可能。

所有这些客观的事物和主观的现象，都有可能成为我们创意思维的对象。换句话说，创意的素材遍地都是，创意的机会是无穷多的，只要我们仔细观察，开动脑筋，思考任何一种事物或现象都能够产生创意。这方面的事例不胜枚举。有一位教授洗完澡后，拔下澡盆的活塞放水。他发现水流在排水口形成了漩涡，是向左旋的。这件不起眼的事引起了他的好奇。他又拿其他器具做实验，并且观察河流中的漩涡，结果发现它们都是向左旋的。教授于是联想到，这种现象大概与地球自转的方向有关。果然，在南半球国家，孔道水流的漩涡是向右旋的；而赤道地区的孔道水流并不形成旋涡。最后，这位教授总结出了孔道流水的规律，提出了一种新观点，在研究台风等方面具有实用价值。

当我们的头脑只思考一个问题或者一个事物的时候，也同样面临着数量无穷多的可供思考的因素。因为实际事物总是以这样或那样的方式相互联系着、制约着。比如说，今天你喝酒喝醉了，除了要考虑酒的问题（度数太高、数量太大），还要考虑菜的问题（是否解酒），自己的身体状况、精神状态，还有喝的时间等因素。从追根究底的观点来看，造成一次醉酒的因素其实是无穷多的。

一个商场只要对外营业，就会树立起自己的社会形象。请读者朋友认真想一想，构成或影响一家商场的社会形象的因素有多少种呢？第一，从商场的一般特征来说，其因素有经营历史、社会知名度、在商界范围的渗透程度、商场的目标市场等；第二，从商场中的商品特征来说，其因素有品种齐全的程度、商品的质量、商品的适应性及其更新速度、商标名称的使用等；第三，从商品的价格特征来说，其因素有总体价格水平、质量价格比、与同行业竞争者的比较等；第四，从职员的服务特征来说，其因素有员工的仪容仪表、售货员的态度、业务技能、服务方式和设施、对消费者利益的关心程度、消费者的反应等；第五，从商场的物质设施来说，其因素有商场建筑的外貌、所处路段和周围环境、内部装修水平、顾客的走道和升降设备、商品的布局和陈列、清洁卫生程度等；第六，从商场的宣传特征来说，其因素有广告媒体的使用、发布商品信息的数量和速度、宣传的真实程度等；第七……

如果邀请我们设计或者重塑这家商场的社会形象，那么我们需要考虑的因素就是无穷多的。

一杯咖啡的味道取决于哪些因素呢？我们可以列举出如下一些：产地、品种、成熟程度、采收质量、炒法、粉碎程度、存放时间、水的品质、水的硬度和温度、咖啡与水的接触方式、煮过后的保温温度、放置时间，等等。其中的每一种因素又可以细分为更小更多的因素，比如"炒法"就有方式、温度、用具、环境、工人的熟练程度等方面的区别。因而同样的，能够对一杯咖啡的味道产生影响的因素，实际上是无穷多的。所以，我们对咖啡味道的改进就具有无穷多的可能性，或者说，具有无穷多的改进方法。比如，种植一种新品种，产生了一种新口味；换一种烘炒方法，又产生了一种新口味；采取不同品质的水，口味又发生了改变……客观对象无穷无尽，创意思维也就永远不会枯竭。

从创意的对象上看，事物现象间的关系是复杂多样的，不仅仅以链式形态存在，现象间更以立体的链式网状结构存在着，以这样或那样的方式相互联系着、制约着。

这样一种简单的道理，为什么许多人认识不到呢？因为在很多人的眼光中，这个世界上的东西绝大部分都已经完美无缺，没有改进的必要。他们认为，椅子就是椅子。设计椅子就不必考虑桌子的问题。但当我们能够打破这种狭窄的目光，把更多的事物和现象纳入思维的时候，新奇的创意便会自然地浮现出来。

选取自己需要的部分

一天吃晚饭的时候，正在上小学的弟弟提出了一个很奇怪的问题："要是全世界的电话线路都断掉了，会产生什么结果？"当医生的爸爸回答说："病危的人就不能得到及时的救治，死亡率会上升。"善于持家的妈妈高兴地说："那太好了，我们就不用付电话费了!"当消防队员的哥哥回答说:"报警速度将会降低,火灾的损失大大增加。"热恋中的姐姐回答说:"两人约会的次数一定会大大减少。"

准确地选取与特定问题有关联的外界对象,是获得创意的基本前提。我们的思维能力毕竟是有限的,不可能处理无穷的信息。

由于每个人在实践目的、价值模式、知识储备等方面不完全相同,因而个人对对象的选取也不会完全相同。你认为老师讲的A观点很重要,因而留下很深的记忆;另外一位有可能会认为,B观点才是重要的,A观点毫无独特之处,早忘得一干二净;还有一位也许会认为A和B都无足轻重,C才是至关重要的观点;如此等等。

几位学生坐在教室里,专心致志地听老师讲课。他们可以一边听课一边记笔记。下课后,分别请他们复述一下老师在课堂上讲的内容。复述的结果也许会令你大吃一惊。你会发现不同学生的复述差别很大。而且复述的差别程度,与学生之间在观念和文化方面的差别程度成正比。也就是说,学生之间的差别越大,他们的复述之间差别也越大。如果这些学生来自不同的国度,那么他们的复述简直会有天壤之别,让人觉得他们并不是在复述同一个老师的同一次讲课。这就是头脑对外界对象选取的结果。

面对周围如此多的事物或观念，我们究竟应如何展开创意思维活动呢？其实，我们在自觉地做任何事情时，心中已有了一个明确的目标。目标是创意的龙头，其他所有思想和行动都是围绕这一目标展开的。面对众多的事物或观念，我们的头脑首先要围绕某一目标对它们进行筛选，选取与目标相关的若干对象进行深入细致的思考。这样，原本无穷的、可供思维的外界对象就变成数量有限的对象了。

变化中隐含无限多的创意

古希腊的哲学家赫拉克利特说过一句流传千古的名言："任何人都无法两次踏进同一条河流。"

我的面前是一张书桌，稳稳地站立着，丝毫看不到变动的迹象。但是，唯物辩证法告诉我们，它曾经不是书桌，而是一棵柳树；它以后也不再是书桌，而是一堆朽木。所以说，我眼前这张光滑而明亮的书桌，不过是一棵绿树变为一堆朽木的漫长过程中的一个短暂的阶段而已。

20世纪90年代以来，日本的年轻人特别讲究卫生，几乎到了"人人成洁癖"的地步。年轻女人尤其如此，在她们眼里，到处都沾满了细菌。她们不坐公园的椅子，不坐地铁的座位，而宁愿站着，双手抓住用手绢包着的扶手。

当这股"洁癖潮"流行起来的时候，精明的企业家立即意识到赚钱的机会来了。于是，三菱铅笔公司推出了杀菌圆珠笔，每支售价100日元，而每月销量将近一百万支。杀菌袜、除臭鞋、香味内衣之类的产品供不应求。最奇怪的是一种"除臭药片"的问世，服用这种药片能消除大便的臭味。本来它是专为长期卧床的病人使用的，但没想到"除臭药片"在普通人群中也流行开来，特别是受到女秘书们的欢迎。

相反的例子是，那些对事物的变化无动于衷的人们，终究要碰得头破血流、损兵折将。

春秋时代，楚国准备渡河去攻打宋国。傍晚派人测量了河深，发现水很浅，但是当凌晨大军涉渡时，却淹死了一千多人——因为当晚上游的洪水下来了。

汽车被发明以后，欧洲生产马具的工场受到了影响。但是，有极少数精明的马具商看到了那场变动中的历史意义，转而生产皮鞋、提包等革制品。而漠视变革的大部分马具商们落得个破产负债的下场。

事物的变动是对人们智力的考验，对于充满创意的头脑来说，变动意味着发展的机遇；而对于因循守旧的头脑来说，变动无疑是一场灭顶之灾。

梦有时候也是创意来源

"梦"对于人们来说，经常出现，是司空见惯的事情，很多人没把它放在心上，没有倾注足够的重视。然而，在科学创意和发明中，它却起着非常微妙的作用，这种作用不能为其他方式所替代，它的出现，使得一些创意活动少走许多弯路。而受到梦的启示的研究者，一定对所研究的问题行了相当充分的研究，大脑中已储存了解决问题的信息量，研究者的大脑皮层形成了解决问题的兴奋中心，醒时没结束的神经活动在睡梦中继续进行，让人实现了梦寐以求的愿望。

我国南朝文学家谢惠连，自幼就聪明过人，年仅 10 岁时，文笔就很漂亮。他的族兄谢灵运比他大 12 岁，却很器重这位小弟弟，谢灵运曾经十分感慨地对人说："我每次动笔写文章，只要惠连在我身边，就文思如潮，笔下也必有佳句。"一次，谢灵运在永嘉郡的西堂构思诗作，绞尽了脑汁，也写不出一个满意的句子。

他实在太失望了，也太疲倦了，不觉中放下纸笔，趴在桌上酣然入睡……突然，他看见情豪气爽的弟弟谢惠连笑盈盈地向他走来，两人兴高采烈地上楼观赏早春池苑的美景，谢惠连指点着碧水、芳草、垂柳、飞鸟谈笑风生，谢灵运脱口赞道："池塘出春草，园柳变鸣禽。"啊！这不就是自己思之终日、百思不得的佳句吗？谢灵运一高兴睁开了眼睛，却见眼前仍是黄昏中的西堂，自己一个人坐在桌前，这才明白刚才是做了一个梦，不过，那两句诗却依然清清楚楚，于是，他赶紧提笔记了下来，越吟越得意。之后，他经常对人说："这两句诗是有神力的相助啊，并非我自己的功劳。"

人在睡梦中，对周围环境的戒备消失了，大脑的思维可以无拘无束地向各个方向发展，也可以用非逻辑的形式进行，人们很少能对梦施加有意识的限制。在睡梦中，人们的想象力得到自由地发挥，可以充分挖掘潜意识的内容。作为意识领域，它是人的头脑对于客观物质世界的反映，它往往不是在人们清醒状态下显现出来并发挥作用的。弗洛伊德说过："梦是人的意识的一种存在形式，它很少在人清醒时候出来，在睡眠中则潜入了你的大脑深处，心灵深处。"

在睡梦的情况下，精神紧张大大缓解，思想放松的程度大大加强，理智对思维的限制受到了削弱，思想犹如脱缰的野马，在浩瀚的意识世界里纵横驰骋，能够想清醒状态下所不敢想的事情，也能呼唤出藏在意识深层的人脑对物质世界的反映，这样，就将人思想的范围、思考的路线，成倍乃至数倍地增加。这无疑让人有了更大范围的思想天地，对创意就有了更多的启示。就如凯库勒梦见首尾相衔的环状蛇而启发了他对苯分子结构式的研究，它解决了正常情况下，许多有机化学家经过长时间的努力也没有解决的难题。这就充分显示了梦在创意发明中的独特作用。

那么，既然梦在科学创意和艺术创作中的地位如此重要，是否我们只要睡觉做梦，就能完成伟大的事业呢？这样的想法未免把创意看得太简单了。

事实上，就在凯库勒讲完是在梦中有了对苯分子结构式的启示而画出了苯分子的环式结构的情况后，当天就有一些与会者特地在傍晚雇了马车，让马车在大街上慢慢行驶，希望也在梦中出现奇迹，让自己发现点什么。可是，这些人有的没睡着，有的睡着了却没有做梦；有的人做了梦，可不是梦见打牌就是梦见跳舞，都没有从梦中得到创意联想。

这些人都忘了，凯库勒做梦之前，曾经花了几个月的时间来研究苯分子结构式，"日有所思"才能"夜有所梦"。凯库勒由梦得到启示，实际上是他做梦也不忘科研，这些人把凯库勒的发现归功于梦，显然是本末倒置了。

梦在创意中的作用虽然独特，也只能是对已有思想的呼唤，只能是对潜在心灵深处的意识的挖掘和启迪。它不是空穴来风，绝不可能无中生有地创意出你的"空中楼阁"。受到梦的启示的研究者，一定要与自己的生活经验、愿望、需要、想象等心理因素有所联系，梦境中的素材都是梦者先前经过的、看到的、听到的，这就是创意之梦的客观物质基础。我国围棋界著名选手聂卫平经常在睡梦中与人演练招法，醒来就进行推敲、练习，多次证明之后，以备克敌制胜为国争光而用。

英国剑桥大学教授胡钦逊曾对各学科有创意意识的科学家的工作习惯进行了大量调查研究，调查中有 70% 的教授认为能从一些梦中得到启发。我国对中科院的学部委员进行的调查也表明：在科学创意中受到梦境启发的"有者"占 13%，"偶有者"占 35%。

由此可见，受惠于梦境的人还的确不少，然而在寻找创意过程中，尽管梦的作用重要、独特，但更重要的应该是在平时对自己事业专注，重视平时的知识积累，多下苦功夫。知道了梦在创意中的作用，懂得了梦左右了你的创意意识，就要认真对待自己的梦境，不要轻易放过对我们的事业有启迪作用的另一种意识的表现——梦所显现的内容。

但梦中也会出现稀奇古怪的幻境，因此，许多梦有时候也是不可靠的，所以，对待梦这种创意意识一定要严肃、慎重，要在这种意识心理活动下去粗取精、去伪存真，就如凯库勒所说："在清醒后，未弄明白前，就不可轻信梦境了。"具体来说，在探索梦与创意的关系时，我们应该注意以下的几点内容：

（1）我们需要感觉主要创意的存在，清楚自己真正想要什么。只有明确自己主要的创意焦点，才能激活个人内在的创意动机，并且付出个人生命的热情去完成创意。

（2）超越时间、空间，并放下所有的限制去思考。梦想没有实现以前，也许是有些抽象，但只要我们充满信任，梦想就是有可能实现的，筑梦是建立在自己对梦的信心的基础上，所以我们要清楚而明确地信任它的发生。

（3）高度集中的注意力，也是筑梦的关键。意念转换之处，通常会产生巨大的能量，把你的能量集中起来，注意在你的梦想上，就可以让注意力形成一股专注的能量，进而使你的梦想变成现实。

注意力是创意的开始，注意力越高，创意能力就越强。注意力是否集中，信心是起决定作用的因素。人们信心不足往往会产生更多的害怕与担心，会影响我们创意梦想的动力，也就是说，只有有充足的信心，创意力才会依想象而发生。我们常常怀疑自己的创意能力，而事实上，创意能力来自你是否相信自己有创意力。

（4）具体的行动。是说我们要规划并付出任何具体可支持梦想的行动。这样就不会使自己成为只有思想而无法行动的"梦想家"。

（5）放下。我们要让梦想成真，另一件必须学习的事就是放下，放下我们所有的担心，放下限制我们的各种观念。

创意也分时机，别错过机会

迈克小时候，有一次和祖父进林子去捕野鸡。祖父教迈克用一种捕猎机，它像一只箱子，用木棍支起，木棍上系着的绳子一直接到迈克隐蔽的灌木丛中，只要野鸡受撒下的玉米粒的诱惑，一路啄食，就会进入箱子，迈克只要一拉绳子就大功告成。

他们支好箱子，藏起不久，就飞来一群野鸡，共有九只。大概是饿久了，不一会儿就有六只野鸡走进了箱子。迈克正要拉绳子，又想，那三只也会进去的，再等等吧。等了一会儿那三只非但没进去，反而走出来三只。迈克后悔了，对自己说，哪怕再有一只走进去就拉绳子。接着，又有两只走了出来。如果这时拉绳，还能套住一只，但迈克对失去的好运不甘心，心想，总该有些要回去吧。终于，连最后那一只也走出来了。

那一次，迈克连一只野鸡也没能捕捉到，却得到了一个受益终身的道理：人的欲望是无法满足的，而机会却稍纵即逝。贪欲不仅让人难以得到更多，甚至连原本可以得到的也将失去。

炒过股票的人对这个故事体会最深：当手中的股票开始赚钱时，想着还会再涨，等等吧。当已往下跌时，想着前几天那个高点都没卖，现在卖只能赚这么点钱，等涨回点儿再说，结果成了套牢一族。煮熟的鸭子还会飞，就是这个道理。

进退之间，全在于人的把握。往往看似进，却是退。

创意也是一样，在合适的时间，想合适的点子。将对的点子在对的时机用在对的事情上，那么，这个创意才会有意义！

第 2 章

创意来自奇思妙想

　　一般而言，我们只能感知一些事物的某些组成部分或某些发展环节，很难对事物的整体有完整清晰的认识。但在它们的薄弱之处，我们可以用想象来加以充填，如同豹子身上的"斑"，我们只有一点一点地将"斑"充填完整，才能使这只豹子生龙活虎般地动起来。

想象是创意活动的基础

　　鲁班是我国古代优秀的手工业者和发明家，他的名字和故事，一直广为流传，也给我们带来不小的启示。远在鲁班生活的年代，伐木是要用斧头的。有一次，他带几个徒弟上山砍木材，一连砍了几天，个个累得精疲力竭，可木料还是远远供应不上，鲁班心里非常着急。

　　一天，他在爬山坡时被一种野草划破了手指。于是他摘下一片叶子轻轻一摸，原来叶子两边都长着很锋利的锯齿，鲁班的心为之一动，他似乎想到了什么，这时附近的一棵野草上有条大蝗虫，它的两颗大板牙一开一合，正在津津有味地吃着草叶。

　　鲁班上去把大蝗虫捉来细细一看，发现大蝗虫的大板牙上也排列着许多的小锯齿。有锯齿的树叶把人的手划破，长有锯齿一样的板牙的大蝗虫能吃草叶，难道……他的思维奔驰着，展开了永不停息的想象：如果做成带有锯齿的竹片，是不是可以用来锯木头啊。他把竹片做成带齿的，在树上轻轻一试，一下就把树皮划破了，再用力拉了几下，木头上就出现了一条深沟。于是他下山请铁匠打了一条带齿的铁片，再到山上进行实践。证明了铁片的效果更好之后，鲁班高兴地跳了起来。就这样，鲁班用他的想象发明了锯。

想象在我们的日常生活中有重要的作用，如我们对文学作品、艺术表演、音乐、美术作品等的欣赏，就离不开想象的作用。离开了想象的作用，顶多不过是感知他们，还谈不上有所感受，因而也就不能称之为欣赏。在人的情感生活中，想象能引起相应的情感和情绪，如在欣赏音乐时，音乐的节奏、旋律、和声、音色所组成的各种曲调，可以把人引入悲伤、沉痛、焦躁、忧虑、惋惜的情感情绪中，催人泪下，也可以把人引入欣喜、振奋、爱慕、胜利、希望的情感情绪中，促人奋起。这些都是大家亲身体验过的。

根据我们对想象的进一步了解，想象在处理人际关系时，也同样必不可少。人们常说，处事要善于"设身处地"，但如果你想真正地设身处地，就必须凭借想象的作用：如果我们处于对方的地位，将会怎样想，如何做？也就是说，人们在相互交往中，必须通过想象才能设想别人的处境和心情，从而促进彼此相互了解。

想象不仅在认识和实践活动中发挥巨大作用，在人的精神生活中，特别是在创意活动中也有重大的意义。难怪历史上许多科学家和艺术家都高度重视和评价想象的作用。巴甫洛夫曾指出："化学家在为了彻底了解分子的活动而进行分析和综合时，一定要想象到眼睛看不到的结构。"

著名德国物理学家普朗克在谈到假设时也曾说过："每一种假设都是想象力发挥作用的产物。"英国物理学家延德尔说："作为一名发明家，他的力量和生产，在很大程度上都应归功于想象力给他的激励。"有了精确的实验和观测作为研究的依据，想象便成为科学理论的设计师，可以说没有科学的想象，就不会有科学理论和科学发现。

19 世纪德国著名音乐大师舒曼说过："音乐家的想象越丰富，他的作品越能激励人和吸引人。"俄国文艺批评家别林斯基也曾指出："在诗中，想象是最主要的活动力量，创意过程只有通过想象才能完成。"不仅仅是音乐和诗歌才需要想象，美术、雕刻、戏剧……一切文学艺术的创作都是需要想象的。

高尔基讲到情绪和想象时曾说过这样一段语重深长的话语："文学家的工作或许比一个专门学者更困难……科学工作者研究公羊时，用不着想象自己也是一头公羊，但是文学家却不然，他虽然慷慨，却必须想象自己是一个吝啬鬼；他虽毫无自私心，却必须觉得自己是贪婪的守财奴；他虽然意志薄弱，却必须令人信服地描写出一个意志坚强的人。"

的确，一位作家在构思作品或者是塑造人物时，他不但要通过想象看到所创造的角色的状态，还要听到所创造的角色的谈吐，体验到所创造的角色的心境、感受和情绪，这就必须要求作家设身处地地想象人物的言谈举止和心理活动。

同样，在戏剧表演中，一名演员要想演好他所扮演的角色，也必须充分利用想象，使自己能够真正地进入角色。创意是以想象作为先导和基础的，对科学的创意是这样，对文学艺术的创意也是如此。

创意的灵魂是幻想

幻想是一种与生活愿望相结合的指向未来的想象，它分为两种，一是以客观现实的发展规律为依据的，是有可能实现的，这种幻想叫作理想，它是积极向上幻想；另一种则是完全脱离现实生活又毫无实现可能的，这种幻想叫作空想，它是消极的幻想，它不能鼓励人们前进，反而容易引导人们脱离现实生活，最终使人走向失败。而我们所要提倡的是第一种幻想。

积极的幻想是学习和工作的强大动力，它能把光明的未来展示在人们的面前，鼓舞着人们以巨大的精力去从事创意活动，克服种种困难，迎接胜利的来临。幻想也常常是科学的先导，科学离不开幻想。

牛顿从小就对天文学兴趣很浓。有一次，当他在夜晚遥望头上美丽的星空，被那闪烁的星空和弯弯的月亮所吸引时，他那善于思考和幻想的脑子马上转动了起来。

"星星、月亮为什么都高高地悬挂在空中，不落到地上呢?"这是一个金色的秋天，牛顿抱着一本天文学书籍坐在树林子里看，他想从书中寻找到问题的答案。突然，不知什么东西砸在了头上，他找到一看，原来是一个熟透的苹果从树上掉了下来，这司空见惯的现象却引起了他的注意。月亮高高地挂在空中，而苹果却落到了地上，他浮想联翩，幻想和知识的泉水汹涌而来:"难道地球就像一块巨大的磁铁?"经过思考，他终于总结出了:每一个物体都吸引着另一个物体，一个物体所包含的质量越大，其吸引力越大，一个物体与另一个物体离得越远，吸引力也越大。地球要比苹果重得多，因此地球的引力比其他方向上的事物对苹果的引力要大得多，所以苹果要向地球上落。他又联想到了月亮，地球对于月亮也有吸引力，而因为地球和月亮都在自转，这个吸引力正像拴着石头旋转的绳子一样，所以月亮始终围绕着地球转，却不会落在地球上。"是万有引力才引起苹果的坠落，是万有引力使所有的东西都保持在一定的位置上。"于是，著名的万有引力定律就从牛顿的幻想中得出来了。

牛顿从苹果的坠落问题出发，最后提出了万有引力定律。根据有关资料分析，可以把他的思路作如下的描绘:幻想一实践，而通过这个幻想又可以想象下去:如果在山顶平射一颗炮弹，炮弹将以曲线轨道落到山脚不远的地方；如果发射速度越快炮弹可能可以经过大半个地球，如果再增加炮弹的速度，炮弹会绕地球旋转，永远不会落在地面上，这一系列问题都来自牛顿的幻想，这时的炮弹多像天上的月亮，炮弹和月亮围绕地球旋转，是离心力使它们不落到地球上，可它为什么不脱离地球而飞走呢？于是他经过努力找到了答案：由于地球对它的吸引力与这种离心力平衡，所以它能保持长久地围绕地球旋转。

爱好幻想，如果它被纳入活动中并成为活动的一个推动力，并且与人的意志和品质相联系，它就会成为积极的个性品质。积极的幻想和崇高的理想是人们心中的火炬，会给人们巨大的力量和坚忍不拔的毅力。

要保持旺盛的想象力

旺盛的想象力是能培养创意心智机能的一种思维活动，它不同于思考，而是思考的一种深化，是由此及彼的思考。一个人如果不能保持旺盛的想象力，学一点就只知道一点，他的知识面不仅是零碎的、独立的，而且也是有限的。如果你保持住旺盛的想象力，知识就会由一点扩展开去，使这一点活化起来，举一反三，闻一知十，触类旁通，最后产生知识的飞跃，出现创意灵感，开出智慧的花朵。

人造牛黄的成功就是保持旺盛想象力的结果。牛黄是一种珍贵的药材，但是天然牛黄只能从屠牛场上偶然得到，数量极少，所以许多医药单位都想方设法寻觅解决牛黄不足的途径。

广东海康县药品公司的员工在研究中发现，牛黄是牛胆囊里混进异物，然后以它为核心的周围凝聚了许多胆汁分泌物，日积月累逐渐形成的牛胆结石。由此他们想起了河蚌育珠，珍珠也是因沙子进入蚌内，蚌分泌出黏液，将沙子包住而形成的。既然河蚌能经过人为的插片，培育出奇光异彩的珍珠来，难道就不可以给牛接种异物，培养出珍贵的牛黄吗？他们从河蚌育珠的方法得到启示，对牛施行外科手术，在牛的胆囊里埋入异物。一年过去了，他们果然从牛的胆囊里取出了结石。这种人工结石和天然牛黄一模一样，试验就这样成功了。

还有一则小故事。杭州一家扇厂的一位青年工人，看到本厂生产的扇子在使用时用手打开很不方便，就总想设计一种使用方便的扇子。一天，因为下雨，他出门办事拿起一把自动雨伞的时候，脑中马上浮现出一个设想：伞能自动打开，那么，能否做出自动开启的扇子呢？于是他经过反复的实验，自动开启扇便成功了，它完全摆脱了传统的结构，使扇子能像伞一样自动打开，整个扇形成了荷叶状。

　　世上万物都是相互联系的，它们之间往往存在共同之处，通过丰富的想象力我们就能从中得到启示，进行创意。《科学研究的艺术》一书的作者贝弗里奇说过这样的话："独创性在于发现两个或两个以上的研究对象或设想之间的联系及相似点，而原来以为这些对象或设想彼此没有关系。"想象力能够克服两个概念在意义上的差距，把它们联系起来，因而往往能够发现某些事物的相同因素或某些联系，揭示事物的本质。上面介绍的人造牛黄实验和自动扇子的发明就是其中两例，牛黄的形成和河蚌育珠存在着共同点，自动扇的发明也是由于自动伞能自动开启而引发的。联想建立在人们已有的知识和经验之上，想象并不是想入非非，而是对输入头脑中的各种信息进行编码、加工与输出。

　　一切创意活动都离不开想象力，想象力使人们的智力活动打破时间与空间的限制展翅高飞，开阔了人们的视野，使人们看到前所未有的新天地，所以想象力越丰富，导引创意的作用就越重大；想象力越强烈，想象就越富有创意，提出的想法和问题就越新奇。

想象不息，创意不止

　　我们已经知道科学的想象是科学的先导，开普勒提出行星运动三大定律、哈维发现血液的循环、拉瓦锡建立科学的燃烧理论、普朗克提出量子论、魏格纳提出大陆漂移学说等，没有一个不是以创意想象为先导的。法国著名作家儒勒·凡尔纳表现出的惊人想象力，是许多人所熟知的。他在无线电还未发明之前，就已经想到了电视；在莱特兄弟制造出飞机之前的半个世纪就已想到了直升飞机；坦克、导弹、潜水艇、霓虹灯等，他都预想到了，他在《月亮旅行记》中甚至讲到了几个炮兵坐在炮弹上让大炮发射到月亮上。据说齐尔斯基——宇宙航行开拓者之一，正是受了凡尔纳著作的启发，去从事星际航行理论的研究的。

俄国科学家齐奥科夫斯基青年时就被人们称为"大胆的幻想家"，他把未来的宇宙航行分成十五步：

（1）制造带翅膀的和一般操纵机构的火箭式飞机；

（2）以后飞机的翅膀略有减小，牵引力和速度增加；

（3）穿入稀薄大气层；

（4）飞至大气层后滑翔降落；

（5）建立大气层外的活动站；

（6）宇宙飞行用太阳能来解决呼吸及其他日常的问题；

（7）登上月球；

（8）制造太空衣，以便安全地从火箭进入太空；

（9）在地球周围的太空中建立众多的居民点；

（10）太阳能成为太空居民点的能源，使生活更为舒适；

（11）在小行星带上和太阳系其他不大的天体上建立居民区；

（12）在宇宙中发展工业；

（13）实现个人和社会遨游宇宙的美好梦想；

（14）太阳系里的居民和目前地球上的居民达到饱和点之后，要迁移到整个银河系；

（15）太阳开始熄灭，太阳系里残存的居民转到别的太阳系。

值得惊叹的是，在齐奥科夫斯基作出这一大胆的幻想时，莱特兄弟的飞机还尚未问世，当时除了冲天鞭炮以外，世界没有什么火箭。更加令人吃惊的是，想象中的许多步骤通过近几十年的航空、航天技术的发展已经成为了活生生的现实，也就是说，由于火箭、喷气式飞机、人造卫星、航天轨道站以及航天飞机的使用，人类登月计划以及探索太空的计划也相继变成现实。

早在齐奥科夫斯基的论文《利用喷气机探索宇宙》发表前 30年，凡尔纳就发表了《从地球到月球》《环绕月球》等科幻小说，提出了飞向月球的大胆设想，他想象在地球上挖一个三百米深的发射井，在井中铸造一个大炮筒，把精心设计的"炮弹车厢"发射到月球上去，他甚至选择了离开地球的最佳时刻，计算了克服地心引力所需要的速度，以及怎样解决密封的"炮弹车厢"的氧气供给问题。这些对宇宙研究很有启发。科学的发展以想象为先导，人们通过想象，在头脑中拟定研究过程的伟业和蓝图，借助于想象在头脑中构筑可能达到的预期结果。正是齐奥科夫斯基通过丰富的设想，为人类登上月球在思维创意上开辟了道路。

伽利略早已发现力学运动定律，在静止的或者匀速运动的坐标系中看来，同样是有效的，这种运动的相对性，在古典力学中是普遍成立的，但在麦克斯韦电动力学中却不成立。因为麦克斯韦方程只适用于静止的坐标体系，经过多年思索，爱因斯坦发现必须把作为古典物理学基础的空间和时间概念加以适当修改，才能克服这种矛盾，于是，他以高度的想象力抓住了一个最简单也似乎是不成问题的问题——"同时性"问题。以此作为突破口，他发现，两个在空间上分隔开的事物的所谓同时，取决于相隔空间的距离和光信号的传播速度，在静止的观察者看来是同时的两个事件，在运动的观察者看来不可能是同时的，这就是所谓同时的相对性。由此可见，空间和时间不是各不相干的，而是存在着本质的联系，并且都与物质的运动有关。

伟人的事迹总是让人觉醒。伟人们在想象这条无尽的道路上，创造出了无数的伟大发明。这是一条永远走不到尽头的路，每个人都可以迈向它，继续观看伟人们所未见到的风景。

超前意识带来伟大创意

中国有句古语：凡事预则立，不预则废。说明在做任何事时，事先有无准备和预见是成败的关键。而要具有正确的预见，就必须具备超前的思维，也可以说超前意识。超前思维，就是运用一种高智能的眼光，多角度、全方位地分析事物的历史和现状，把握未来的发展趋势，获得常人不能得知的信息，从而提前作出正确决策，取得事业成功的思维活动。有了超前意识，就能有所创意。

有人说，能预知 3 天之后发展变化的人，是聪明的人；而能预知 3 年之后发展变化的人就是伟大的人。只有想在他人前面，才能做在他人前面。在充满竞争的当代社会，只有"超前"，才能把握时机；只有"超前"，才能获得发展；只有"超前"，才能使自己立于不败之地。

美国有一家规模不大的缝纫机厂，在第二次世界大战中生意萧条，工厂主杰克看到战时百业俱凋，只有军火是个热门，而自己却与它无缘。于是，他把目光转向未来市场，他告诉儿子，缝纫机厂需要转产改行。

儿子问他："改成什么？"

杰克说："改成生产残疾人用的小轮椅。"

儿子当时大惑不解，不过还是遵照父亲的意思办了。经过一番设备改造后，一批批小轮椅面世了。随着战争的结束，许多在战争中受伤致残的士兵和平民，纷纷购买小轮椅。杰克工厂的定货者盈门，该产品不但在本国畅销，连国外也有人来购买。

杰克的儿子看到工厂生产规模不断扩大，财源滚滚，在满心欢喜之余，不禁又向其父亲请教："战争即将结束，小轮椅如果继续大量生产，需求量可能已经不多。未来的几十年里，市场又会有什么需要呢？"

老杰克成竹在胸，反问儿子："战争结束了，人们的想法是什么呢？"

"人们对战争已经厌恶透了，希望战后能过上安定美好的生活。"

杰克进一步指点儿子："那么，美好的生活靠什么呢？要靠健康的身体。将来人们会把身体健康作为重要的追求目标。所以，我们要为生产健身器做好准备。"

于是，生产小轮椅的机械流水线，又被改造为生产健身器。最初几年，销售情况并不太好。这时老杰克已经去世，但是他的儿子坚信父亲的超前意识，仍然继续生产健身器。结果就在战后 10 多年，健身器开始走俏，不久便成为热门货。当时杰克健身器在美国只此一家，独领风骚。老杰克之子根据市场需求，不断增加产品的品种和产量，扩大企业规模，终于进入亿万富翁的行列。

从这个工厂的发展史中我们可以知道，正是由于杰克有着超前意识，并在超前意识的引导下，不断地进行创意活动，他们一家才获得巨大利益。

不仅是在企业的发展中，需要有超前意识，我们生活的方方面面也需要我们有超前意识，只有这样，我们才可以摆脱如今的思维定势，去有所创意。而这种超前意识，在科技领域中就显得尤为重要了。人们曾幻想能够插上翅膀飞上蓝天，在这种超前思维引领下，美国的莱特兄弟努力观察研究，终于创意出了虽然简单但能够飞上天的第一架飞机；法国科幻小说家凡尔纳在他的科幻小说中描述出当时还没有出现的潜水艇、导弹、霓虹灯、电视等，而这些都逐渐成为现实；"嫦娥奔月"是中国古代一个美丽的神话传说，古今中外还有许多作家都创作出了以人类飞向月球为题材的故事，这个人类的梦想终于在 20 世纪 60 年代末被实现了，美国的"阿波罗"号宇宙飞船载着两名宇航员登上了月球；美国工业设计师诺曼·贝尔·盖茨在 1940 年的"建设明天的世界"博览会中，代表通用汽车公司设计了"未来世界"展台，为未来的美国设计出环绕交错、贯穿大陆的高速公路，并预言："美国将会被高速公路所贯穿，驾驶员不用在交通信号灯前停车，而可以一鼓作气地飞速穿越这个国家。"尽管当时有许多人对此表示怀疑，甚至提出反对意见，但这一预言现在已变成现实。

高速公路以其安全、快速、实用和美观遍布全世界，为大自然增添了一道独特的景观……这些我们身边所发生的日新月异的变化，我们把他们归结为什么呢？毫无疑问，是由于我们所具有的超前意识，让我们去想象当今世界上所没有的东西。人是一种好奇的动物，有了想象之后，就会努力去把它们实现，而这就成为了我们人类社会不断有所创意的根源。

人类社会日新月异的科研成果，无疑都是超前思维的伟大丰碑。齐奥尔科夫·斯基从当时的气球飞行前瞻未来，以超前思维谱写了《星际航行三部曲》提出了多级火箭宇宙空间飞行的设想，为世界航空航天事业突飞猛进的发展架构了桥梁；卢瑟福超前研究放射性原理，探索出了原子分裂的过程和基本结论，为后人顺利迈进核门槛奠定了基础；贝尔德出于对电子技术的好奇，着魔似的迷上了电视发明，终于让人们的视觉迎来了五彩缤纷的世界……回顾世界科技发展史，牛顿的经典力学，爱因斯坦的相对论，普朗克的量子理论，孟德尔的遗传学说，李政道、杨振宁的宇宙不守恒假说等，这些都是超前思维的硕果。上述事例充分说明了这样一个道理，超前思维往往能使创意和先进性实现完美统一。

"天时""地利""人和"，在作战时缺一不可。同样，在进行创意活动中，这三者也不可或缺，也就是我们经常说的：需要正确的人在正确的时间、正确的地点做正确的事情，才能够得到最正确的结果。

我们知道，生存的价值和品质是由我们所做的事情决定的，要成为幸运的人，就要看此时此刻我们是否在做正确的事，我们能否把握历史和空间的交会点，尽我们最大的努力去做真正有价值的事，提高我们的生命品质。此时此刻我们所做的事，就决定了我们的生命是留在原地还是迈向未来。

举个例子，现在是 2011 年。从历史的轴线上看，假设 2005

年的经营失误造成了事业上的失败。但是当社会已经进入 2011 年，如果我们的经营意识、生产设备还停留在 2011 年的状态，那就说明我们的思想仍然是停留在 2005 年。6 年间我们的事业和生活没有获得任何的改善，没有取得任何大的进步，那么即使我们生存在 2011 年的现在，我们的生命实际上还是停在 2005 年。可以说我们浪费了 6 年的生命。许多人内心的矛盾就在于，虽然了解到时间在往前迈进，却让自己活在过去，因而一直受到过去的挫败和麻烦的束缚。这往往成为一个人追求新的成功的最大障碍。

相反地，如果有人已经在思维的模式和行动上超过了现在，那么他将取得超越其他人的巨大成就。比如，索尼公司的市场营销计划已经做到了 2050 年。我们可以想象，届时世界上的很多科技进步和先进的娱乐产品都会出自索尼公司。

所以，对每一个人来说，最重要的不是我们现在处身于何处，而是我们的想法在哪里，我们的生活方向在哪里。只要我们有了超前意识或思维，我们就会有所创意，带来更大的利益。以上两种思维无形的差距将导致完全不同的现实结果。超前意识或思维使我们成为整个社会发展的前驱和带领者，我们不要让时间成为竞争的界限或者是障碍，必须要超越时间获得更大的生活和事业上的成功。每个人都该记住，面对生活，我们要让自己拥有最开阔的心胸、最长远的眼光、最超前的行动力。具有超前意识，我们才可以让自己的人生不断迈向更高的阶梯。

想象不要在意过去

想象要求我们不计较过去对某种事物的憧憬。想象又可分为无意想象和有意想象。

无意想象也称消极的想象，就是没有预定目的的、不自觉的想象。最明显的事例就是做梦。根据巴甫洛夫学派的解释，做梦的内因是大脑皮层上所建立的暂时神经联系的痕迹重新活动和改组，产生的外因是外界刺激的影响或体内某些器官受到的刺激等。

有意想象也称积极的想象，是在第二信号系统的参与和调节下所进行的想象，是有预定目的的、自觉的想象。例如，我们在欣赏文学作品的过程中或者学生在专心听课时所进行的想象，都属于有意想象。有意想象按其内容的新颖性、独立性和创意的不同，可以分为再造想象和创意想象，下面的例子就能更好地解释它，便于大家的理解。

在一间安静的病房内，墙上挂着一幅世界地图，病床上躺的是德国著名气象学家魏格纳，他一边凝视着地图，一边幻想着一个奇妙的问题："为什么大西洋两岸的曲线形状如此相似？它们拼合在一起，简直就像一块完整的大陆。这是偶尔的巧合还是原先整块完整的大陆分成了几块呢？"

到了第二年秋天，魏格纳看到一份材料，说南美洲和非洲、欧洲、北美洲、马达加斯加、印度等大陆上的蚯蚓、蜗牛、猿以及其他古生物化石，都有一定的相似性，这使他联想起自己在一年前卧病看地图时思考的问题。难道这些古生物是振翅飞越大西洋的吗？不可能。

魏格纳展开了他想象的双翼，他认为在距今两亿年的古生物时代以前，地球上只有一块庞大的原始陆地，叫作"冷陆地"，它的周围一片汪洋。后来由于天体引潮力和地球自转离心力的作用，"冷大陆"开始分崩离析，就像浮在水面上的冰块一样不断漂移，越漂越远，从此美洲脱离了非洲和欧洲。中间留下的空隙就成为了大西洋，而非洲的部分与亚洲告别，在漂离过程中，它的南端略有偏转，渐渐地与印巴次大陆脱开，这样就诞生了印度洋，还有两块较大的陆地向南漂移，就形成了澳大利亚和南极洲。

为了证明这个想法，他翻看资料，仔细考证，经过数年的努力，他终于完成了一部划时代的地质文献《海陆的起源》，一个崭新的地质结构学说——"大陆漂移学说"就这样诞生了，它是由地图—古生物化石—地球表面结构的联想而萌发的。

再造想象是根据别人对某一事物的描述，在头脑中形成相应的新形象的心理过程，一方面是指这些形象不是独立创意出来的，而是根据别人的描述或示意再造出来的。如我们看了鲁迅的《祝福》之后，眼前会出现一个活生生的祥林嫂，这是靠再造想象产生的形象。除了文学作品能通过文字描述再造出各种形象外，音乐也可以通过由各种音乐符号所组成的乐谱唤起各种各样的音乐形象，建筑工人根据建筑蓝图可以想象出建筑物的形象，机械工人通过机械图纸可以想象出机械的形象，这些根据别人的描述或者示意"再造"出来的想象，都是再造想象。

再造想象的另一方面，是指这些形象是经过自己的大脑对过去感知的材料的加工而成的，如教师向全班学生讲《飞身抢渡大渡河》这一篇课文时，讲了十八勇士冒着枪林弹雨，奋勇抢渡的情景。由于每个同学的知识、经验、兴趣爱好、个性和欣赏能力的差异，每个人对这一情景的想象也就不同。

由此可见，每个想象总是按照自己的方式来创造某个新形象的，因此，再造想象也常常包含某些创造的成分。再造想象在认识活动中有很重要的意义。借助于再造想象，我们可以重视别人的创意所创造出来的或感受到的事物。再造想象一般遵循以下两条规律：一是再造想象的形成受旧有表象的数量和质量的影响；二是再造想象的形成依赖于正确掌握词语和实物标志的意义。

而创意想象是不依据现成的技术而独立地创造出新形象的心

理过程，是根据预定的目的，通过对已有的各种表象进行选择加工和改组，而产生可以作为创意活动"蓝图"的新形象的过程。在创意新技术、新产品、新作品之前，人在头脑中必先构成事物的形象，这就是创意想象。创意想象与创意思维紧密相连，是人类从事创意活动的一个必不可少的因素。新颖、独创、奇特是创意想象的本质特征。创意想象是真正的创意，它不同于再造想象，再造想象中也常有创意的成分，但两者比较起来，创意想象的创意成分更多些，创意想象也比再造想象困难得多。

如果创造出一个阿Q的形象，与欣赏《阿Q正传》中的阿Q形象相比，前者要求有更大的创意。阿Q的形象是旧中国劳动人民的奴隶生活的写照，也是中国近代民族被压迫的历史缩影，鲁迅创意出"阿Q"形象，是经过创意的构思，并以一些历史现象为依据，选择材料，进行深入的分析和综合提炼的结果，所以创意想象和再造想象两者虽然有区别，但无截然的分明界线，你可以通过再造想象来真正做到创意想象，而不应当把自己局限于再造想象之内。

每个人从出生、上学、到工作都在进行着再造想象，而只有少数的人才在昨天再造想象的基础上，找到了属于自己创意想象的空间，所以他们成了科学家、发明家、艺术家、文学大师，而这绝不是偶然的。

第 3 章

捕捉灵感的一瞬间

灵感对于创意来说，是创意的启明灯。有时候一个灵感，能给人带来眼前一亮的感觉，于是便有了自己新的想法，有了自己的创意。

灵感是创意路上的启明灯

灵感是成功的最基本原因。爱因斯坦这样说过:"我还是一个四五岁的小孩,在父亲给我一个罗盘的时候,经历过这种惊奇:这支指南针以如此确定的方式行动,根本不符合那些在无意识的概念世界中能找到位置的事物的本性。我现在还记得,至少我相信我还记得,这种经验给我一个深刻而持久的印象。我想一定有什么东西深深地隐藏在事情的后面。"这里的"惊奇"其实就是爱因斯坦的灵感所在。著名的心理学家朱光潜说:"灵感是在潜意识中酝酿而成的情思猛然涌现于意识。"大科学家钱学森也曾多次明确指出:"灵感实际上是潜思维,它无非是潜思维在意识中的表现。"

《科学研究方法论》一书提到:"所谓灵感,或者称为直觉或灵机一动,就是偶尔在头脑中闪过的对问题的某种特别具有独创性的设想。它是人们在自觉不自觉地想着某一问题时,在头脑中突如其来地产生的一种使问题得到澄清的思想。"可以看到,灵感就是指长期思考着问题而得不到答案却突然获得解决的一种心理过程。

科学上指出灵感有三个特点：首先，灵感是突然发生的，所谓突然发生，就是说它是在人们都不注意的时候，在人没有想到它的时候，突然出现。它的突然出现带有很大的偶然性，人们既无法通过意志让它发生，也无法事先计划出它的到来，它总是"不期而至"地来到人们的身边；其次，灵感的出现是闪电式的，这一特点是指灵感的显现过程极其的短暂，往往只是一瞬间，一刹那，瞬息而逝，它像闪电一样，说来就来，说走就走，来不可遏，去不可留，有人把灵感的这一特点也称作"瞬间性"；最后，灵感是一种新东西，也具有新颖性的特点，它通常是一种独创性的见解，创意的设想，它以自己的新颖性使思考者鲜明地意识到自己的思想已进入一个新的高度，有一种彻悟的自我感觉，是一种智力的大跃进。

灵感，或者说直觉、顿悟，虽然名称不一，但都指着这样一种事实，那就是我们脑海中会突然闪现出某种新思想、新念头、新主意，突然找到过去长期思考而没有得到解决的问题的办法，发现一直没有发现的答案，突然从纷繁复杂的现象中顿悟事情的本质。灵感也正是新事物、新思想的突然闪现。

灵感会突然来临，就像是一个不速之客，这是它最突出的一个特点。灵感是突发的、飞跃式的。我国著名科学家钱学森说："灵感出现在大脑高度激发状态，高潮多时很短暂，瞬息即逝。"

科学家对问题长期进行探索，智力活动在出其不意的一刹那——在散步中、在看电影中、在闲暇中——产生飞跃，于是智慧从蕴积中骤然爆发，问题便迎刃而解。

灵感是个非常神秘莫测的东西，包含着许多种因素，但它的作用可以使你在创意道路上发觉奇迹。它的表现形式也是多种多样的；灵感也是人脑对信息加工的产物，是人们认识事物的一种质变和跨越。由于它对信息加工的形式、途径和手段的特殊性，以及思维成果表现形式的特殊性，使它变得更加复杂和扑朔迷离。尽管如此，灵感对于创意发明的神奇作用却是不容被忽视和低估的。

灵感有时会出现在睡眠之中。格拉茨大学药物学教授洛伊在一天夜里醒来，想到一个极好的设想，他拿过来纸笔简单记了下来。翌晨醒来他知道昨天夜里产生了灵感，但使他惊讶的是，无论怎样他也看不清自己的笔记。他在实验室里整整坐了一天，面对熟悉的仪器，总是想不出昨天夜里的那个设想，到晚上要睡觉的时候还是一无所获。但是到了夜间，他又一次从睡梦中醒了过来，还是同样的顿悟，他高兴极了，作了细致的记录后，才回去继续睡觉。次日，他走进实验室，以生物学史上少有的利落、简单、肯定的实验方法，证明了神经搏动的化学媒作用，神经冲动的化学传递就这样被发现了，它开启了一个全新的研究领域，并使洛伊获得了 1936 年诺贝尔生理学和医学奖。

灵感的产生看似是突然出现的，其实它是有前提条件的，那就是科学家执着于解决问题的苦苦思索。对要解决的问题，他们已经做了特别充分的准备，并强烈地期望着有所突破，对这个问题挥之不去、驱之不散，使得大脑建立了许多暂时的联系，一旦受到了某种刺激，就变得豁然开朗——"积之于平日，得之于顷刻""众里寻他千百度，蓦然回首，那人却在灯火阑珊处"说的也是同样的道理。

俄国画家列宾曾说："灵感是对艰苦劳动的奖赏。"凯库勒发现苯环结构，不但应归于炉边的灵感，而且也应归于那之前的长期思索。不进行艰苦的探索而把成功的希望寄托在心血来潮、灵机一动上面，那无异于缘木求鱼、守株待兔。19 世纪著名的俄国民主主义者赫尔岑说："在科学上除了汗流满面，是没有其他获得知识的方法的，热情也罢，幻想也罢，却不能代替劳动。"

灵感产生时，注意力常处于高度集中状态，这时，人们所有的活动都集中在自己的创意对象上，仿佛要汇聚起全身所有的力量去解决所提出的问题，也由于注意力高度集中，其余的东西几乎都忘记了，甚至达到忘我的程度。难怪牛顿专心致志地研究问题时，竟把怀表当作鸡蛋放进锅里。

而灵感也是瞬间即逝的，必须设法牢牢抓住，不要让思想的火花白白浪费了。许多科学家都养成了随身携带纸笔的好习惯，记下闪过脑际的每一个有独到见解的念头。爱迪生习惯记下他所想到的每一个新想法，不管它当时多么卑微、渺小。他一生发明专利有 1328 项，这与他善于利用灵感是分不开的。爱因斯坦一次到朋友家吃饭，与主人讨论问题时，忽然来了灵感，他拿起钢笔，在口袋里找纸，可没有找到，然后他干脆就在主人家的新桌布上写开了公式。美国著名生理学家坎农说："当我准备讲演的时候，我就先写一个粗略的提纲，在这以后的几天中，我感到灵感来临之际，都是与提纲有关的鲜明例子、恰当的词句和新奇的思想。我把纸笔放在手边，便于捕捉这些稍纵即逝的新想法，以免被淡忘。"

在我国，在相当长的一段时期内，有些人一旦听到"灵感"两个字，便不免警觉起来。在他们看来，灵感似乎是个神秘的东西，谁承认灵感的存在，谁就是承认神秘主义，他们把承认灵感与认识论上的唯心主义混淆起来。其实这是一种误解。唯心主义者把灵感解释为一种神秘的精神状态，有的甚至把它归功于神的启示，或者认为只有极少数"天才"才独有灵感，这些见解是错误的。古希腊的柏拉图就是从唯心主义的角度看待灵感的。他认为诗歌创作活动全靠诗神依附所产生的"迷狂"。他说："若是没有这种诗神的迷狂，无论谁去敲诗歌的门，他和他的作品都将永远站在诗歌的门外，尽管他自己妄想单凭诗的艺术就可以成为位诗人。"可见，在他看来，灵感是神赐的，没有这种"迷狂"是永远不会创意的。而历史上许多事实已经证明，今后的事实也会进一步证明，灵感的存在，并不是依靠神赐，而是依靠人们自己对灵感的激发。

灵感的迸发是多种多样的，但细加考虑，它可以归纳为两类基本形式：联想型和省悟型。

联想式的灵感是指当人对某个问题经过一段紧张的研究，却百思而不得其解的时候，在某一偶然事件的刺激、启发和感触下，思维顿时引起相似性的联想，感到豁然开朗，迸发出创意新设想，使问题得到解决。这种迸发形式一般多见于自然科学领域的发明或发现，在这里"原型启发"起着重要作用。所谓原型启发，就是从其他事物中得到解决问题的启示，从而找到解决问题的途径或方法的过程。起着启发作用的事物叫作原型。任何事物都可有启发作用，都可能成为原型，如自然景象、日常用品、人物行为、技巧动作、口头提问、自觉描述等。但是，一个事物能否起原型启发作用，不是决定于这一事物本身的特点和内容，而是与思考者、创意者的主观状态（如思考者或创意者的创意意向、联想能力等）有很大关系。

灵感的联想式激发必须通过某个偶然事件的触发，刺激大脑进行联想，然后产生灵感，而省悟式灵感的激发则不同，它不需要借助于"触媒"的刺激，乃是通过内在的省悟、内部"思想火花"碰撞而产生灵感的。当人们对某个事物经过长时间的思考，思维达到了饱和程度，仍然没有进展时，大脑神经系统就像布满了纵横交错的"电路"，却转来转去无法接通，后来，在潜意识的作用下，突然之间，猛然省悟，使问题得到解决。这种迸发方式多见于文学创作，但在科学史上以这种方式获得灵感的也不乏其例。当思考者或创意者对问题进行了相当充分的研究，在大脑中储存了解决问题所需要的各种信息时，人产生了种种显意识与潜意识的思维活动，大脑神经细胞能对曾经接受过储存的信息进行加工，对学得的东西也同时进行整理，从而制造出新的信息来。

灵感只存在于一念之间

什么是灵感？灵感就是形成创意认识的刹那间在人脑中的反映，它具有新颖性、突破性。从心理学角度看，灵感是"人的精神与能力之特别充沛的状态""是浓厚情绪的充沛状态"，这状态表明着创意意识的高度明确、创意主体的注意力高度集中、创意过程的情绪高度专一。灵感是一种复杂的心理现象，是思维活动中由思想集中、情绪高涨而表现出来的创意能力。创意主体在广博的知识、丰厚的社会经验的基础上进行思考的紧张阶段，通过有关事物的启发，使得在创意活动中所探索和捕捉的某些重要环节得到明确的解决，这就可以说是获得了灵感。

弗莱明在做实验时，培养了一个实验皿的细菌。但是实验没有成功，因为实验皿中的细菌被别的细菌侵入，长成了绿霉。而弗莱明经过仔细观察后，他注意到这个绿霉杀死了器皿中原有的细菌。注意到这个霉菌的杀伤力之后，弗莱明经过分析、判断，产生了灵感：这个绿色的霉菌中，包含着可以杀死葡萄球菌的物质。于是，他把盘尼西林从霉菌中分离了出来。

在弗莱明之前，有很多科学家报告过霉菌杀死细菌这个事实。但是，由于他们没有产生灵感，没有形成创意的认识，所以没有发现盘尼西林。

灵感之所以产生，并不是因为你的智商有多高。现代物理学的奠基人爱因斯坦四岁才学会说话，上学后老师给他的评语是"脑筋迟钝、不善交际、毫无长处"，并轻蔑地称他为"笨蛋"；勉强上了高中后，因为成绩极差他竟然被开除了学籍；他后来的伟大巨作《相对论》完全是靠他丰富而扎实的知识和一念之间的灵感完成的。大发明家爱迪生小时候全班成绩最差，因为他长了个"偏头"，老师带他到一个著名医生那里检查，医生诊断后，煞有其事地说："里面的脑子也坏了。"然而正如这位世界闻名的大发明家说，自己的伟大创意都来自自己的灵感——如果脑子坏了，怎么会有那么多影响世界的伟大灵感产生呢？

当然，说这些并不意味着大家在学校里可以"不务正业"，而是要向大家说明无论你智商如何，无论你曾经多么失败，只要你有进取心，总会有某些突发奇想的念头，而只要你牢牢把握住，这一念之间的灵感就会成为你伟大的创意。

大家都知道贝多芬的名作《月光曲》，但有人知道它是如何被大师创意出来的吗？贝多芬在一次演出结束后出来散心，走到了一个破屋前，听到里边传来优美的音乐，他不知不觉地走到了门口。"哥哥，要是我们能买到音乐会的门票该多好啊！"弹琴的女孩忽然停下来说道："可是我们的温饱还不能解决。""那都是有钱人去的地方，我们穷人是进不去的。"一个男人说道。女孩子说："我多么希望能亲耳听到他的琴声啊！"说完她低下了头。这时贝多芬推开门走了进去。

"先生，您找谁？"男人先开了口。"我想借用你们的琴弹一下，可以吗？"女孩站了起来，给他让了位置，说道："可惜我们的琴太破了，如果您不嫌弃的话，我们非常欢迎。"贝多芬坐了下来，把他的作品都弹了一遍，女孩和那个男人都沉浸在优美的音乐之中。忽然贝多芬站起来走了出去，因为在他的心里又酝酿出了一首伟大的作品，而且就在这一瞬间，他忽然发现了他要找的东西，所以他快步离开了破屋。而男人和那女孩还陶醉在他的琴声之中。

世界上最伟大的物理学大师爱因斯坦的相对论，被公认为物理学史上伟大的革命，在谈到它的形成过程时，爱因斯坦说："我躺在床上，那个谜一直在痛苦地折磨着我，像是没有一丝希望能解答这个问题，但突然黑暗里闪出了我期待已久的光明，终于答案出来了。于是我立即进入了工作，连续奋斗了五个礼拜，然后写出了《论动体的电动力学》论文。那几个星期我好像处在狂态里一样。""形成广义相对观点时，"他又回忆说，"一天，我坐在伯尔尼专利局的椅子上，突然想到，假如一个人自由落体时，他会不会感到自身的重量？我为自己的这一假设大吃了一惊，这个简单的思想实验给我打上了一个深深的烙印，这是我创意引力的灵感。"难怪这位大师向世人郑重地说："我相信直觉和灵感。"

灵感的形成，虽然是在刹那之间，但是，它与一个人的知识、经验以及分析、判断等能力有密切的关系。因此，灵感的形成离不开个人长时间的积累。从人的大脑中有潜意识和潜思维的观点来看，灵感产生的心理机制是这样的：一个人很长时间反复思考某个问题却得不到答案，而中间休息或娱乐时，也就是放松一下的时候，这时人的显思维就不再去思考这个问题了，而潜思维却仍在那里"工作"，因为潜思维比显思维能获得更多的信息量，因而它能获得显思维不能获得的思维成果。当潜思维对问题有了一定结果的时候，它会将这一结果输送给显思维，这就是我们所说的灵感。而且，在一次灵感形成之后，还要进行验证、充实和完善。

这样才能与灵感零距离

大数学家高斯在谈到求解折磨他两年多的某个问题时曾说："像闪电一样，谜一下就解开了。"法国物理学家、数学家彭加勒在提到他得到某个灵感的情景时说："我的脚刚踏上刹车板，突然想到一种假设……我用来定义富克斯函数的变换方法同非欧几何的变换方法是完全一致的。"德国物理学家姆霍茨在回忆他的工作时曾说："在对问题作了各方面的研究之后……巧设的设想不费吹灰之力意外地到来，就如灵感。"这样的名言有很多，他们成功了，成功地创意了，那我们怎样去效仿他们呢？

达尔文在创立生物进化论学说时，曾受到马尔萨斯《人口论》的启发，他在《物种起源》一书中写道："1838 年 8 月，即我开始有系统地调查工作之后的十五个月，我阅读马尔萨斯的《人口论》以作消遣，同时由于长期观察动物的习惯，当然不难认识随处可见的生存竞争的事实，于是我便恍然大悟，在这种环境下，有利的变化势必保存下来，而不利的则归于消灭，这样的结果，便是新种的形成。这样，我终于得到了一个可以作为工作依据的学说。"

而根据爱因斯坦的回忆，他从 1895 年就开始思考："如果我以光速追踪一条光线。我会看到什么？"他反复思考这个问题，但多少年来仍没有得到解决，1905 年的一天早晨起床时，他突然想到：对于一个观察者来说是同时的两个事件，对别的观察者来说就不一定是同时的。这一念头使他清醒地意识到这是一个解决问题的突破口，于是他抓住了这一"灵感的闪光"，建立起"相对论"这一概念。

那么如何使自己产生令人羡慕的灵感呢？科学上指出：灵感使创意过程中新观念的产生带有突发性，灵感现象自古以来就使许多人感到神奇，历代都有众多著作和学者对它进行多方面的探索。灵感问题对人类而言是很有诱惑力的研究课题，同时也是唯物主义和唯心主义长期争论的一个焦点，回顾人类在历史上对灵感的漫长研究和争论过程，我们发现，应进一步开发和提高我们自己的智力和创意能力，对灵感现象要有所了解，尤其要善于捕捉利用灵感。在我们吃饭、听歌、聊天等过程中，都会突发出某种神奇的灵感，而且它仅仅在一刹那，所以我们要保持精神高度集中，充分利用好这一灵感。灵感同懒汉无缘，它是勤奋学习的报酬。高尔基说过："天才就是劳动，人的天赋就像火花。它既可以熄灭，也能燃烧起来，而迫使它燃烧成熊熊大火的方法只有一个，就是劳动，再劳动。"灵感是长期创意劳动的必然结果，所以它自然需要由勤奋的汗水来浇灌。俄国音乐家柴科夫斯基说过："灵感是一个不喜欢访问懒汉的客人。"

对我们来讲，寻找灵感必须以强烈的求知欲望和勤奋精神为基础。一要树立崇高的学习目的。一个人追求的目标越远大，他就越有学习的韧性，目标越是崇高，就越有学习的毅力。二要有勤奋的学习精神。勤奋是获得一切成功的必备条件，也是产生灵感所不可缺少的。虽然灵感带有突发性和偶然性，但它终究是长期积累和思考的结果，即所谓"长期积累，偶然得之"。俗话说"踏破铁鞋无觅处，得来全不费工夫"，这看似"不费工夫"的"灵感"，正是"踏破铁鞋"的长期努力换来的。所以，我们要坚信"下力多者收功远"的道理，树立"莫嫌海角天涯远，但肯摇鞭有到时"的信心，从而不停地顺畅自己的思路，使灵感在学习中不期而至。

学会捕捉灵感

灵感是显意识活动与潜意识活动相结合的产物，是在过去自觉思维活动的基础之上产生的，却又与潜意识的活动相联系。它或者通过外界的偶然事物的触发或者由于内在省悟以"思想的闪光"的形式迸发出来，因此，要想孕育和捕捉灵感，最重要的和最值得引起重视的，有以下两个方面。

首先，对问题要有执着的追求。曾经有人问过牛顿，他是怎样获得伟大发现的，牛顿的回答："经常想着它们。"话虽然不多，但意思很深，可以说是牛顿对问题执着追求的经验之谈。

"经常想着它们。"这是产生灵感的前提条件。脑子里如果没有问题，或者即使有问题也从不深究的人，是绝对不会产生灵感的。灵感只会产生在这些人的头脑中——他们都有一个明确的问题，也都有想解决问题的强烈愿望，在掌握充分资料和积累必要知识、经验的基础上，对问题作了全面深入的艰苦思考，百思而不得其解，思维达到饱和程度，思想处于高度的"受激状态"，形成了一种"一触即发"的局面。

　　有解决问题的强烈愿望是指强烈希望弄清问题以及解决问题，而有了这种强烈的愿望，就会乐于从事艰苦的思考，排除困难，不怕挫折，表现出欢乐、镇静、顽强和坚韧。对问题作全面深入的思考，指的是要对问题的"一切方面"从"不同角度"进行"翻来覆去"的思考。平时我们容易犯的毛病就是，往往只从某个方面，并局限于某个固定角度去思考，而不是"翻来覆去"地去思考，因而对问题的关键根本就把握不住，甚至对问题的认识还处于似是而非的状态。赫尔姆霍茨在庆祝他七十大寿时说过这样一段话："就我经验的范围内来说……始终必须把问题的一切方面翻来覆去地考虑过，弄到我的头脑里，掌握了这个问题的一切角度和复杂方面。能够不用写出来而轻松自如地从头想到尾，通常没有长久的预备劳动而要达到这一步是不可能的。"

　　思维要想达到饱和程度则是前面各种工夫的"水到渠成"，这时头脑中密密麻麻地布满了纵横交错的"线路"，只要某个线路得到了"偶合"，就能一触即发，爆发出新的设想、好的主意。然后就是灵感的出现，它正是如此艰苦劳动的结果，所谓"长期积累，偶然得之"，道理就在这里。有人曾以为门捷列夫发现元素周期律是将化学元素的性质分别写在纸牌上再加以凑巧排列的结果，对此，门捷列夫在回答彼得堡的一家小报社记者时着重指出："这个问题，我大约考虑了二十年，而您却认为坐着不动，五个戈比一行，五个戈比一行地写着，突然就完成了，事情并不是这样。"

其次，要充分利用潜意识活动所起到的作用。一般来说，灵感是无意识的直觉，不是逻辑推理的结果，而是产生于头脑的潜意识，是无意识的活动，因此应注意利用和发挥潜意识思考的作用。潜意识或无意识是指未被意识到的心理活动，是意识阈值以下的认识，人们可能通过创设某些条件使潜意识活动活跃起来，从而促使或诱发灵感的产生，并加以捕捉。例如，在紧张地思考之后，有意识地转换工作环境、情绪状态等，让思想放松一段时间，这不仅可以使无意识活动活跃起来，也有利于摆脱固定思路的束缚。

同时，保持良好的精神状态和愉快的情绪也很重要，一个人在心旷神怡、赏心悦目、兴致勃勃、精神愉快的状态下，能增强大脑的感受能力，较容易接受外界信息的诱导或来自潜意识的信息；相反，在闷闷不乐、心情压抑、心乱如麻、无精打采的心情下，很容易失去敏感性，思路就容易受到阻塞而变得很迟钝。另外，要随时注意记录，把那些在不同场合出现的一闪而过的念头、创意、妙想都及时记录下来。

我国古代就有诗人经常随身携带着"诗囊"。唐代著名诗人李贺"每当日出，偶有所得，书投囊中及暮归，足成之，日率如此"。他虽只活了 27 岁，却成诗千首。宋代词人梅圣俞，不论吃饭、睡觉、外出，都会随身带个袋子，每有所得，便写下放入袋子中，所以"梅圣俞的诗袋"成了文坛佳话。

奥地利著名作曲家约翰·施特劳斯，一生写了 462 首乐曲，其中有许多作品流传至今，被誉为"圆舞曲之王"。他的《蓝色多瑙河》蜚声全球，据说它就是在一个优美的环境中，灵感突然涌现的结果，但当时施特劳斯忘记带纸了，于是就脱下了衬衣，在衣袖上谱成。美国生理学家坎农经常在晚上来灵感，他说："长期以来，我靠无意识的作用过程帮助了我，已成习惯……我把纸笔放在手里，便于捕捉倏忽即逝的思想。"

其实灵感的产生就是"无心插柳柳成荫"。只要你善于捕捉，用正确的方法捕捉，一定会有惊奇的结果。具体来说，引发灵感要善于会用脑、多用脑，也就是在遵循引发灵感的客观规律的基础上科学地用脑。

会用脑。凡是善于引发灵感，形成创意认识的人，都很会用脑。在一般人看来显而易见的现象，他们通常会产生疑问；一般人用惯常的方法解决问题，他们喜欢用创意的方法解决问题。他们的特点是喜欢独立思考，凡事喜欢多问几个"为什么"。多提出几个"怎么办"，任何创意项目的完成，其实都是独立思考和钻研探索的结果。因此，就不能只用习惯的方法去认识问题，也不能迷信专家、权威，而是要从事实出发，从实际需要出发，去思考问题，去探索问题，去寻找新的方法、新的观点。

多用脑。要促进灵感的产生，还必须多用脑，因为人的创意能力是在用脑的过程中不断提高的。所谓多用脑，不是指不休息地连续用脑，而是要把人脑的创意潜能充分地发挥出来。爱因斯坦对为他写传记的作家塞利希说："我没有什么特别才能，不过喜欢寻根究底地追求问题罢了。"在这个寻根究底的过程中，最常用的方法就是用脑思考。他自己深有体会地说："学习知识要善于思考，思考，再思考，我就是靠这个学习方法成为科学家的。"

"数字化教父"尼葛洛庞帝说："我不做具体研究工作，只是在思考。"微软的比尔·盖茨从小就表现出勤于思考、善于思考的特点。

由此可见，科学用脑是开发大脑创意潜能、引发灵感，形成创意认识的最一般、最普遍适用的方法。

引发灵感的基本方法：

（1）观察分析。进行创意活动自始至终都离不开观察分析。这里所说的观察，不是一般的观看，而是有目的、有计划、有步骤、有选择地去观看和考察所要了解的事物。通过深入细致的观察，可以从平常的现象中发现不平常的东西，可以从表面上貌似无关的东西中发现相似点。

在观察的同时必须进行分析，只有在观察的基础上进行分析，才能引发灵感，形成创意的认识。

（2）启发联想。新认识是在原有认识的基础上发展起来的，旧与新或已知与未知的连接是产生新认识的关键。因此，要创意，就需要联想，以便从联想中受到启发，引发灵感，形成创意的认识。

（3）实践激发。实践是灵感产生的源泉。在实践激发中，既包括现实实践的激发又包括过去实践体会的升华。各项创意成果的获得都离不开实践需要的推动。在实践活动的过程中，迫切解决问题的需要促使人们积极地去思考问题，废寝忘食地进行探索和钻研。科学探索的逻辑起点是问题，因此，在实践中提出问题、思考问题、解决问题，是引发灵感的一种好方法。

（4）激情冲动。激情使人们能够调动全身心的巨大潜能去创意地解决问题。在激情冲动的情况下，可以增强人们的注意力，丰富想象力，提高记忆力，深化理解力，从而使人产生出一种强烈的、不能遏制的创意冲动，并且表现为按照客观事物的既有规律办事。这种自动性，是建立在准备阶段里反复探索的基础之上的。这说明，激情冲动也可以引发灵感。

（5）判断推理。判断与推理有着密切的联系，这种联系表现为推理由判断组成，而判断的形成又依赖于推理，推理是从现有的判断中获得新判断的过程。因此，在创意活动中，对于新发现或新产生的物质的判断，也是引发灵感、形成创意认识的过程。所以，判断推理也是引发灵感的一种方法。

以上所说的几种方法，是彼此联系、相互影响的。所以在引发灵感的过程中，不是只用一种方法，有时可以以一种方法为主，交叉运用其他方法。

进入"蒙娜丽莎"式的灵感境界

灵感突现时，是什么样的一种情境呢？有人用"蒙娜丽莎"式的境界来形容灵感突现的瞬间，这个比喻用得十分巧妙。下面通过一个真实的故事来"再现"一下这种境界。

我国著名的数学家侯振挺教授的论文《排队论中一个巴尔姆断言的证明》也曾得益于灵感的启示。20 世纪 60 年代，当他还是唐山铁道学院学生的时候，看到有本关于排队论的著作中有这样一段话："关于巴尔姆断言，我们看不出怎样证明的这一点，甚至并不知道这个断言在一般的陈述中是否正确。"

巴尔姆断言真的不能证明吗？侯振挺决心攻下这一堡垒。他潜心研究这一课题，可是进展不大。后来他到北京参加科研调查工作，仍继续顽强地进行着业余研究。

随着一年多时间的流逝，他怀着急切求教的心情，把自己研究的资料整理出来后匆匆忙忙地到了火车站，准备让去唐山的同学带给母校的老师们看看。

在车站的候车室里，他久久地望着排队上车的队伍，望着在人流中忽隐忽现的伙伴的身影，回想着几天来整理资料的情景……突然，他神思飞跃，觉得这一排排长长的队伍变成了一行行算式，在他眼前浮动跳跃着；这一个个人影，似乎都变成了数学符号在向他扑来……猛然间，他眼前一亮，一年来梦寐以求的说明竟然清晰地出现在他的脑海中，他顾不得服务员的阻拦，冲上站台，向着刚刚开动的火车，向着火车里的同伴大声喊道："解决了！我解决了！完全解决了！"

回到住处后，他用微微颤抖的手写下了《排队论中一个巴尔姆断言的证明》，不久这篇学术论文发表在《数学学报》上，后又由《中国数学》用英文转载，出现在国外数学界，并引起了数学界的重视。

可见，灵感突现时，是如梦如幻的感觉，这也难怪人们把它与"蒙娜丽莎"联系在了一起。那么，在什么样的情景、场合、条件下容易产生灵感呢？我们先来看看文学家们是怎样的情况。

意大利戏剧家阿尔菲内在听音乐时最易产生灵感，他的作品大半是在听音乐时酿成的；法国的作家伏尔泰和巴尔扎克常借助咖啡。卢梭思索的时候，总爱让炽热的阳光晒着自己的脑袋；英国诗人弥尔顿作诗时喜欢躺在床上；哲学家尼采在散步时新思想最容易涌现；而法国剧作家贝克认为产生灵感最理想的时刻是在洗澡时躺在澡盆里。我国古代的李贺有"驴背寻诗"的故事；李白则在饮酒之后创作最为旺盛，有"李白斗酒诗百篇"之说；欧阳修在《归田录》里说："余生平所作文章多在三上，乃马上、枕上、厕上也。"看来这位文学大师在骑马、睡觉和上厕所的时候最易出现灵感。

许多科学家也有类似的情况。例如，法国物理学家皮埃尔·居里认为在森林中容易产生激情；美国物理学家费米喜欢躺在寂静的草地上想问题，等待灵感出现；日本物理学家汤川秀树习惯于夜间躺在床上思考；法国数学家阿马达则常在喧哗声中产生灵感；法国物理学家彭加勒认为，躺在柔软的床上而睡不着觉的时候最容易产生某些出色的设想；德国物理学家爱赫尔姆霍茨发现最为巧妙的设想往往是在一夜酣睡之后的清晨，或者是当天气晴朗缓步攀登树木葱葱的小山村时产生的……

让我们也以自己喜欢的方式，在"蒙娜丽莎"的召唤下，多出创意，多出灵感吧。

第 *4* 章

任何时候，打破思维定势

对于人们而言，一个好的点子往往能够带来意想不到的结果。如何才能有好的点子呢？这就需要我们先打破自己的常规思维，从不同的角度来看问题。

换个角度，点子就来了

很多时候，有效的、好的方法非常简单，这要求我们不要堕入思维定势中。思维定势只会将问题越变越复杂。做事死脑筋的人往往就是因为有了自己的一套思维定势，所以从他们那里得到的都是固执己见，于事无补。只有放开思路，敞开去想，才能够获得较大的发展。

有一家牙膏厂，产品优良，包装精美，招人喜爱，营业额连续 10 年递增，每年的增长率在 10% 到 20%。可到了第 11 年，企业业绩停滞，以后 2 年也如此。公司经理召开高级会议，商讨对策。

会议中，公司总裁许诺说："谁能想出解决问题的办法，让公司的业绩增长，重奖 10 万元。"有位年轻经理站起来，递给总裁一张纸条，总裁看完后，马上签了一张 10 万元的支票给了这位经理。

那张纸条上写着：将现在的牙膏开口扩大 1 毫米。消费者每天早晨挤出同样长度的牙膏，由于开口扩大了 1 毫米，就多用 1

毫米的牙膏，每天的消费量将多出多少呢？公司立即更改包装。第 14 年，公司的营业额增长了 32%。

做事情一定得敞开思路，任何事情都是相互相连的。要达到一个结果，并不一定要沿着一条路走下去，毕竟条条大路通罗马，而我们要找最近的那一条，就必须抛开我们的思维定势。有些时候，有的人把思维定势当成了问题本身，甚至在潜意识里认为实现结果并不重要，关键在于过程的思维，这显然是本末倒置。一件事情结果永远是第一位的，过程也重要，但过程是为结果服务的，对过程进行控制永远应是第二位。

要有创意，我们必须学会抛弃思维定势，通过更为开阔的思维来获得更为长远的发展前景。

要做一匹自由的马，摆脱束缚

你有没有看过美国的西部片？请你留意牛仔是怎样拴住他的坐骑的。你看，牛仔骑着一匹强壮的白马沿街而来，走到一家酒吧门前时停住了。他从马背上一跃而下，把缰绳系在栏杆上，然后钻了进去。

现在让我们停下来想一想，这匹强悍、有力、体重达几百磅的骏马被一根细细的缰绳系在木栏杆上时，为什么它没有拼命挣脱逃跑而站在原地不动呢？

答案很清楚，这匹马从小就受过训练，它一直被牢牢地拴在柱子旁。它知道自己不可能得到自由，不可能随心所欲——它只能站在被拴住的地方。因此，现在的它根本就不会去作逃跑的尝试。

你和这匹马是否有相似之处？你也原地不动，只因为你自认生活不会有所改变吗？

我们都会受暗示的影响。如果教师或其他什么人断定说我们不会有出息，我们往往就相信了，而且常常是自此以后就不再去为成功而努力了。因为我们曾经有过一两次失败，我们就会相信自我给予的消极暗示。

但是，有一些方法可以帮助你摆脱绳索的束缚而成为有用之才，这些方法叫作"自我信念"。"信念"就是"今言今心"，它不着任何历史的衣物，才能走出现代的步伐！

我再讲一个故事，你可以从中了解主人公是如何两次获得成功的。故事的主人公约翰尼·卡许从小就经常下地劳动，高中毕业后，他参军离开了家乡。有一次，在一家商店里，他买到了自己有生以来第一把吉他。因为当他在家从父亲买的收音机里第一次听到音乐时就产生了这样的梦想：他想当个歌手。

他开始自学弹吉他，并练习唱歌，他甚至自己创作了一些歌曲。服役期满后，他开始努力工作以实现当一名歌手的夙愿，虽然没能马上成功，但他仍对自己坚信不疑。没人请他唱歌，就连电台唱片、音乐节目广播员的职位也没能得到。他只得靠挨家挨户推销各种生活用品维持生计，不过他还是坚持练唱。最后，他终于灌制出了一张极为成功的唱片，吸引了两万名以上的歌迷，金钱、荣誉、在全国电视屏幕上露面——所有这一切都属于他了。

然而，经过几年的巡回演出，他被那些狂热的歌迷拖垮了，晚上必须服安眠药才能入睡，而且还要吃"兴奋剂"来维持第二天的精神状态。他开始沾染上了酗酒和吸毒的恶习，以致对自己失去了控制能力。这使他渐渐失去了观众，也不再获奖。他不再出现在舞台上而是更多地出现在监狱里。

一天早晨，当他从佐治亚州的一所监狱刑满出狱时，一位行政司法长官对他说："约翰尼·卡许，我今天要把你的钱和麻醉药都还给你，因为你比别人更明白你能充分自由地选择自己想干的事。看，这就是你的钱和药片，你现在就把这些药片扔掉吧，否则，你就去麻醉自己，毁灭自己，你选择吧！"卡许选择了生活。他又一次对自己的能力作了肯定，深信自己能再次成功。他找到私人医生，医生不太相信他，认为他很难改掉吃麻醉药的坏毛病，医生告诉他："戒毒瘾比找上帝还难。"

卡许开始了他的第二次奋斗，他一心一意就是要根绝毒瘾，为此他把自己锁在卧室闭门不出，忍受了巨大的痛苦，经常做噩梦。摆在他面前的，一边是麻醉药的引诱，另一边是他奋斗目标的召唤，结果他的信念占了上风。九个星期以后，他又恢复到原来的样子，并重返舞台，再次引吭高歌，终于又一次成为超级歌星。

我们缺乏创意，往往是因为我们本身受到了束缚，不敢从束缚中走出来，就像那匹马一样。而当我们真正摆脱了束缚，我们就会像卡许一样，去迎接一个全新的自己！

创意不能钻牛角尖

一天晚上，在漆黑偏僻的公路上，一个年轻人的汽车抛了锚：汽车轮胎爆了。

年轻人下来翻遍了工具箱，也没有找到千斤顶。怎么办？这条路半天都不会有车辆经过，他远远望见一座亮灯的房子，决定去找人家借千斤顶。

在路上，年轻人不停地在想："要是没人来开门怎么办？要是没有千斤顶怎么办？要是那家伙有千斤顶，却不肯借给我，那该怎么办？……"

顺着这种思路想下去，他越想越生气，当走到那间房子前，敲开门，主人刚出来，他冲着人家劈头就是一句："他妈的，你那千斤顶有什么稀罕的。"弄得主人丈二和尚摸不着头脑，以为来的是个精神病人，"砰"的一声就把门关上了。

在这么一段路上，年轻人走进了一种常见的"自我失败"的思维模式中，经过不停的否定，他实际上已经对借到千斤顶失去了信心，认为肯定借不到了，一直到了人家门口，他就情不自禁地破口而骂了。在我们平时的生活中，也有许多人会对自己作出一系列不利的推想，结果就真的把自己置于不利的境地。

创意也是一样，我们不能钻牛角尖，提前判自己死刑，那样是非常可悲的。

劣势更能催生创意

在生活中，我们都有可能被命运给予一些自己本来不希望拥有的东西。我们希望命运给我们的是黄金和钻石，但是命运恰恰给了我们一个柠檬。怎么办呢？大多数人会说："完了，我还能做什么呢？这就是命运的安排。"于是我们可能把这个仅有的柠檬也给抛弃了。

美国芝加哥大学的罗吉斯特在谈到如何获得快乐的时候曾经如此说过："我一直尝试着遵照一个小小的忠告去做我的事情，这是已故的西尔斯公司董事长裘利亚斯·罗山告诉我的，他说，如果有个柠檬的话，就想一想如何做柠檬水。"

住在美国弗吉尼亚州的一个农夫，出巨资买下一片农场之后突然发现自己上当了，因为这块地差得既不能种水果，也不能养猪。这里能够生长的只有白杨树和响尾蛇。一番痛苦和后悔之后，他想到了一个很好的主意，要把这块坡地的价值利用起来——那些响尾蛇是关键。他的做法令每个人都很吃惊，因为他开始做响尾蛇生意。几年后，他的生意已经做得非常大了，每年到他农场来参观的人高达几万人次。他把从所养的响尾蛇体内取出的蛇毒，运送到各大药厂去做蛇毒的血清；把响尾蛇的皮以很高的价钱卖给厂商去做鞋子和皮包；把响尾蛇的肉做成蛇肉罐头进行销售。由于他独到的眼光和天才般的贡献，他所在的村子现在已经改名为响尾蛇村。

威廉波里索曾经忠告世人："生命中最重要的一件事情，就是不要拿你的收入来当资本。任何傻子都会这样做，但真正重要的是要从你的损失中获利。这就必须具有才智才行，也正是这一点决定了傻子和聪明人之间的区别。"

我们大多数人不幸被威廉波里索言中，我们根本没有想过如何从损失中创造性地获得利润，我们都缺乏把眼前的不利因素巧妙地转化为有利因素的能力。不过，这种能力的缺乏恰恰主要是因为我们把大部分的时间都耗费在无聊的痛苦上了。我们舍不得花点脑力，想个办法来观察柠檬，所以我们从来都不曾做出一杯柠檬水，就更用不着谈什么成功这样伟大的事业了。

万事俱备，只欠东风，这只是一种美好的想象而已。什么时候，我们都不会具备完全理想的条件和资源，我们唯一能够抓住并有效利用的就是手上可供支配的这些资源，无论是金银珠宝抑或废铜烂铁，不要气馁，不要埋怨，不要随手将它们抛弃，它将是你走向成功的最原始的支点。

尼采对超人的定义是："不仅是在必要的情况下忍受一切，而且还要喜爱这种情况。"从无数成功者的经历中可以看到：他们刚开始的起步条件并不比我们优越多少，甚至还不如我们，他们所不同的就是没有在痛苦、抱怨中沉沦，而是积极地利用现有的这点资源努力进取，创意思考，甚至把缺陷也做成了"特点"，慢慢地，他们也就创造、积累了更多、更好的新资源。

多点想法，多点创意

在美国各大心理学论坛上最流行、常为专家学者津津乐道的例子是两位专家买猫的启示，这个例子形象逼真地阐明了开发创造性思维能力的意义所在。

美国有一位工程师和一位逻辑学家，他们是无话不谈的好友。一次，两人相约赴埃及参观著名的金字塔。到埃及住进宾馆后，逻辑学家仍然习以为常地写起自己的旅行日记，工程师则独自游荡在街头，忽然他耳边传来一位老妇人的叫卖声："卖猫啊，卖猫啊。"

工程师一看，在老妇人身旁放着一只黑色的玩具猫，标价500美元。这位妇人解释说，这只玩具猫是祖传宝物，因孙子病重，不得已才出卖以换取住院治疗费。工程师用手一举猫，发现猫身很重，看起来似乎是用黑铁铸就的。不过，那一对猫眼则是珍珠的。

于是，工程师就对那位老妇人说："我给你300美元，只买下两只猫眼吧。"

　　老妇人一算，觉得行，就同意了。工程师高高兴兴地回到了宾馆，对逻辑学家说："我只花了300美元竟然买下两颗硕大的珍珠。"

　　逻辑学家一看这两颗大珍珠，少说也值上千美元，忙问朋友是怎么一回事。当工程师讲完缘由，逻辑学家忙问："那位妇人是否还在原处？"

　　工程师回答说："她还坐在那里。想卖掉那只没有眼珠的黑铁猫。"

　　逻辑学家听后，忙跑到街上，给了老妇人200美元，把猫买了回来。工程师见后，嘲笑道："你呀，花200美元买个没眼珠的铁猫"。

　　逻辑学家却不声不响地坐下来摆弄琢磨这只铁猫，突然他灵机一动，用小刀刮铁猫的脚，当黑漆脱落后，露出的是黄灿灿的一道金色印迹，他高兴地大叫起来："正如我所想，这猫是纯金的。"

　　原来，当年铸造这只金猫的主人，怕金身暴露，便将猫身用黑漆漆了一遍，俨然一只铁猫。对此，工程师十分后悔。

　　此时，逻辑学家转过来嘲笑他说："你虽然知识很渊博，可就是缺乏一种思维的艺术，分析和判断事情不全面深入。你应该好好想一想，猫的眼珠既然是珍珠做成，那猫的全身会是不值钱的黑铁所铸吗？"

创意就是这样，只要你多想一点儿，往前一小步，那么，就会有你意想不到的惊喜。

创意不同，你的人生也不同

两个乡下人，外出打工。一个去 A 地，一个去 B 地。可是在候车厅等车时，都又改变了主意，因为邻座的人议论说，A 地人精明，外地人问路都收费；B 地人质朴，见吃不上饭的人，不仅给馒头，还送旧衣服。

去 A 地的人想，还是 B 好，挣不到钱也饿不死，幸亏车还没到，不然真掉进了火坑。

去 B 地的人想，还是 A 好，给人带路都能挣钱，还有什么不能挣钱的？我幸亏还没上车。不然真失去一次致富的机会。

于是他们在退票处相遇了。原来要去 A 地的得到了 B 地的票，去 B 地的得到了 A 地的票。

去 B 地的人发现，B 果然不错。他初到 B 一个月，什么都没干，竟然没有饿着。不仅银行大厅里的太空水可以白喝，而且大商场里欢迎品尝的点心也可以白吃。

去 A 地的人发现，A 果然是一个可以发财的城市。干什么都可以赚钱。带路可以赚钱，开厕所可以赚钱，弄盆凉水让人洗脸可以赚钱。只要想点办法，再花点力气都可以赚钱。

凭着乡下人对泥土的感情和认识，第二天，他在建筑工地装了十包含有沙子和树叶的土，以"花盆土"的名义，向不见泥土而又爱花的 A 地人兜售。当天他在城郊间往返六次，净赚了五十元钱。一年后，凭"花盆土"他竟然在 A 地拥有了一间小小的门面。

在常年的走街串巷中，他又有一个新的发现：一些商店楼面亮丽而招牌较黑，一打听才知道是清洗公司只负责洗楼不负责洗招牌的结果。他立即抓住这一空当，买了人字梯、水桶和抹布，办起一个小型清洗公司，专门负责擦洗招牌。如今他的公司已有 150 多个打工仔，业务也由 A 地发展到 C 城市和 D 城市。

前不久，他坐火车去 B 地考察清洗市场。在北京车站，一个捡破烂的人把头伸进软卧车厢，向他要一只啤酒瓶，就在递瓶时，两人都愣住了，因为五年前，他们曾换过一次票。

创意出发的角度不同，得到的点子也不同。总结起来说，一定要从积极的角度出发去思考，当弊端占据了你的脑海的时候，那么你的人生也注定失败了！

不拘成法，独辟蹊径

心理学家的研究表明，一个人的创意能力与他的思维能力成正相关关系，一个人的思维能力越强，则他的创意能力越强。而创意思维不受已有的思维定势和已有条条框框的限制。因此通过运用创意思维，我们能够独辟蹊径，从完全崭新的角度来认识事物和分析问题，从而达到"柳暗花明"的效果。

路总是人一步一步走出来的，每个人都应该学会走路，而且要学会走自己的路。在创意过程中，只固守一种方法一种思路不改变的话，有时候很可能走进"死胡同"，找不出解决问题的办法。所以我们要善于迂回思考，对待问题既可以从正面去思考也可以从反面去思考，或者将两者结合起来。只有这样，思路才会更开阔，头脑才会更灵活，才可能产生更多的新想法新观点。俗话说，条条大路通罗马，说的也是这个意思。诺贝尔物理奖获得者艾伯特·詹奥吉曾经指出："创意就是和别人看同样的东西却能想出不同的事情。"培养创意精神，实质上就是鼓励与支持人们树立敢于破除迷信权威和经验的思想以及敢于打破成规的雄心壮志。

据说，吴道子刚开始学画时，拜一位普通的画匠为师，这位老画匠对他循循善诱，毫无保留地将自己全部画技传授给了吴道子。当他发现弟子的画技已经超过了自己时，就胸怀坦荡地让吴道子另择名师，继续学习。而且，他用自己一生总结的经验教训，教育弟子要想取得突出的成就，必须勇于打破常规，去走前人所没有走过的路。当吴道子拜别师父出外求学时，老画匠对他意味深长地说："如今你的画技，已经在师父之上，凭你这身本领，自然可以出去闯荡了。但是一定要记住：要想取得事业的成功，必须'不拘成法，另辟蹊径'。"

吴道子在离开老师以后，始终遵循师父的"不拘成法，另辟蹊径"的教诲，首先在学习上打破已有的框框，从传统学画的老路中走了出来，不是拜画家为师，而是拜书法家张旭为师，进行创意学习。张旭是唐代著名的狂草书法大师，他一向以不拘一格、敢于创意的精神而为人称道，人们颂扬他为"狂"，也正是对他的创意精神的一种肯定。吴道子跟张旭学习书法，一方面从他笔走龙蛇的草书艺术中汲取营养，另一方面也学习张旭的创意精神。经过刻苦努力，终于做到了将书法绘画融为一体，并首创了"兰叶描"技法。当他完成了这段学习任务，准备拜离张旭时，对张旭讲了自己的心里话。他说："弟子本习丹青绘画，可惜现今画坛技法俱已陈旧。弟子志在创意。幸得偶见恩师书法，笔走龙蛇，大气磅礴，猛悟得若能以书法绘画，便可一改前代画风，于是拜在恩师门下。现在弟子就此告辞，还要去云游山川、庙宇，再创山水画技！"吴道子的大胆创意精神让富有创意精神的张旭也为之叹服。他也承认："绝顶聪颖绝顶狂，天生道子世无双！"

此后，吴道子在蒙师"不拘成法，另辟蹊径"的指引下，游遍了祖国壮丽河山，师法自然。他从丰富多彩的大自然中受到启发和陶冶，创意出不用勾勒放笔挥洒的"泼墨写意山水画"，终于成为中国美术史上具有开创精神的著名画家。

吴道子是我国古代著名的画家，正是他这种"不拘成法，另辟蹊径"的独创精神，才有了那幅千年闻名的画作——《天王送子图》。

盲目从众、人云亦云的人是不可能有创意品质的。只有敢于标新立异、善于独辟蹊径、爱好独树一帜者才会有独立的思想和独到的见解。独立性是创意者的必备品质。

第 5 章

条条道路通罗马

很小的时候，我们被标准答案束缚了思维。当我们想跳出这个圈子的时候，我们才发现已经晚了。所以，从现在开始，摆脱标准答案的束缚，让我们的思维跳动起来，来拥有属于我们自己的思想！

从书本中走出来

　　书本是理论化、系统化的知识，是人类智慧和经验的结晶。有了书本，我们可以吸取前人总结出来的知识和经验，作为我们行为的指导，而不必一切事情都重新探索。书本知识带给我们很多好处，难怪人们常说"知识就是力量"。

　　但是凡事无绝对，有利必有弊。书本知识也不例外。书本知识是通过人们头脑加工形成的理论化的东西，所以它和客观事实会有一定差距。虽然你有丰富的理论知识，但如果不把它运用到实践中来，那所谓的知识是没有实际意义的。成语中的"纸上谈兵"说的就是这个道理。

　　战国时期，赵国的名将赵奢之子赵括从小就熟读兵书，对于用兵之道无所不知。后来秦国进攻赵国，两军对峙数年，后来赵王任用赵括为大将，统帅军队，结果遭秦军偷袭，赵军 40 万军队被围歼，赵括也被乱箭射死。

　　虽然赵括满腹兵书，却不懂得将书本知识灵活运用到实践中，结果不仅自己败亡，也给赵国造成惨重的损失。可见，只是学会了知识并不能产生实际的力量，只有把所学到的知识放到实践中运用灵活，才能够产生真正的力量，对社会和他人产生影响。

直到目前，读书仍然是我们获得知识的重要手段，但是我们绝不能因此被禁锢在书本知识里。否则，还不如不读书，正如古人所说："尽信书不如无书。"而且，我们在学习书本知识的时候，应该不拘泥于书本，要知道书中所传授的理论和知识，是书本作者以自身的经验对事物所作的系统化、抽象化描述，是一种范本，我们应该从书中得到启发，进而把书本知识与自己的实践联系起来，做到融会贯通、举一反三，并学会从多个不同的角度来思考书中的理论知识，把不同书本中的理论加以比较。这样我们才不会局限于某本书中所特有的知识和理论。

摆脱书本的束缚不仅意味着在学习书本知识的过程中要做到不"尽信书"，还要善于从自己的专业知识领域里走出来。人的精力毕竟有限，所以，不同专业的划分使得个人可以在自己的专业领域里进行更为深入的研究。但是专业知识也会使人们局限于所擅长的领域，放不开视野，打不开思路，从而束缚了创意意识的发挥。

19世纪中叶，法国因为出现蚕瘟，一度繁荣的养蚕业陷入了危机。这场蚕瘟延续了很长的时间，使得法国的养蚕业几乎濒临毁灭。为此，法国政府先后请了许多昆虫学家来商讨解决蚕瘟的办法，其中也包括有名的昆虫学家法布尔。昆虫学家根据自身积累的知识和经验，提出了很多控制蚕瘟的办法，但是都没有奏效。后来，法国政府又请来了化学家巴斯得。巴斯得虽然是化学家，不懂昆虫学的专业知识，但他通过反复细心的观察，认为蚕瘟很可能与蚕身上的小斑点有关，于是他进行了更为深入的研究与实验，确定蚕身上的斑点是一种传染性的细菌，蚕瘟正是由这种传染性细菌引起的。在此基础上，他研究出了消灭此种细菌的措施，而蚕农们按照巴斯得的措施，经过 6 年的努力，终于控制了蚕瘟，使法国的养蚕业摆脱了危机。

虽然巴斯得是化学家，对昆虫学领域的知识一窍不通，但是他却解决了很多昆虫学家都束手无策的有关昆虫学的难题。相比之下，法布尔作为有名的昆虫学家，有着丰富的昆虫学知识与经验，却由于没能走出专业知识的框框，遇到新问题时，仍然用习惯的老办法，从熟悉的角度去考虑问题，结果被自己的专业知识所束缚，想不出创意性的办法。难怪事后法布尔说："看来，开始时对某个问题一无所知，是解决这个问题的理想起点。"

世界中的各种事物都是纷繁复杂的，各有其不同的属性，会不停地发生变化。我们如果一直用相对固定的书本知识进行套用，是无法解决层出不穷的新情况、新问题的。所以我们在对待书本知识时，应从实用的角度出发，既要做到知识的融会贯通，又要将书本知识活学活用。这是培养创意思维必经之路。

人云亦云，这样的心理不能有

所谓的从众就是跟从大伙，随大流。在从众心理的指导下，我们往往是，别人怎么考虑我就怎样考虑，别人怎么说我就怎么说，别人怎么做我就怎么做。

造成这种从众心理的因素很多。首先，这种心理和社会的整体环境有一定的关系。有人说，一个社会的传统色彩越浓，个人的从众心理就越重。的确，传统色彩浓厚的社会，"统治阶级"总会运用各种手段，强化民众的从众意识，禁锢人们的思想，避免不利于其统治的"异端邪说"，从而保证社会的稳定和政权的巩固。

其次，人们选择从众，还考虑到安全问题，即如果提出与众不同的观点很可能会招致"枪打出头鸟"的后果。所以按照大家公认的态度和方法来处理问题，是一种比较保险的处事方法。跟随众人，如果这件事处理得很好，自然有你的功劳；如果处理得不理想，你也不会一个人承担责任。

实践中的经验也表明，在一个从众心理较普遍的环境里，那些敢于提出自己与众不同见解的人，往往会被人认为不合群、爱表现自己，从而影响了人际关系的融洽。

也正是为了避免于己不利的事情发生，社会上很多人的行为都是在随大流的心理作用下做出的，很少或根本没有经过自己的深入思考。

最后，在众口一词的情况下，许多人往往已经失去了评判的标准，迷失了自己本来要坚持的与众不同的观点。其实，对于世界上的任何事情，我们每个人都有自己的评判尺度和标准。每个人看待问题的角度不同，思考问题的方式也不尽相同，加上个人的自身情况各有差异，最后对于某件事情得出不同的看法和结论也是理所当然的。但是在从众心理的作用下，大家对待某事实众口一词，久而久之，大家的这种观点就被认为是正确的。于是，本来要表明自己不同的观点的人也对自己的观点产生了很大怀疑，毕竟是"众口铄金"啊，所以也就不再表明自己的看法，也加入了大家的行列。

用一个很简单的例子来说，大家都认为人习惯使用右手是正常的，天生就习惯使用左手的人，即左撇子，则被人视为不正常。所以如果谁家的孩子是左撇子，家长就会从孩子小时候起，要求他改掉这个"毛病"，改成所谓的"正常的"使用右手的习惯性动作。殊不知，习惯使用左手，可能正表明了孩子在右脑方面具有某种天赋。

这种从众的思维方式有利于解决常见的问题，保持群体的稳定性，有利于大家的一致行动。但是，凡事只是随大流，自己不独立进行思考，不利于形成创意观点。一般来说，从众心理比较强的人，他的创意思维能力就会较弱，而那些不随大流的人，创意思维能力往往都比较强。这里所说的后者，他们通常不会按照大家公认的标准来发表自己的观点。他总是要提出自己与众不同的意见。在他的意识中，大家都认为是正确的往往很可能就是不正确的。

其实，实践中的很多实例都肯定了那些敢于标新立异提出新观点的人。虽然曾经遭到很多人的激烈反对，但最后这些新观点都被证明了是正确的，并且得到了社会的普遍接受。比如，实验科学先驱者罗吉·培根早在13世纪就提出，彩虹是由于太阳光照射雨水反映在天空中而形成的。这种观点和当时大家普遍接受的观点，即天上的彩虹是上帝的指头在天空划过的痕迹，是格格不入的。他"不从众"的观点让他被关了15年的黑牢。波兰著名的天文学家哥白尼在当时"地心说"占统治地位的年代，发表了《天体运行论》，提出了与传统不同的"日心说"，主张地球围绕太阳转动。这种学说一开始就遭到了人们普遍反对，被认为是"异端邪说"，因为它和当时人们已经普遍接受的"地心说"相反。在"神创论"占统治地位的中世纪，人们普遍接受了《圣经》中关于上帝造人的理论，达尔文经过20多年的艰苦研究，于 1859 年出版了名著《物种起源》，顿时在社会上掀起了轩然大波。他的理论也被人称为"牲畜哲学""粗野的哲学"。

人们之所以会对这种"不从众"的观点如此激烈反对，是因为社会上的大多数人在从众心理的作用下，已经形成了相对固定的思维模式，他们自己不能摆脱思维框架的束缚，就只能强烈地反对抵制这种"不从众"的观点。人类历史上每一次新观念的提出都会面对这种被众人拒绝的情况。要经过一段很长的时间，这种由少数"不从众"的人提出的观点才会得到社会的普遍承认，最后成为大家都接受的真理。

当我们面对新情况、新问题，需要我们进行创意思考的时候，就要从从众的圈子里走出来，不要被多数人的所谓正确的观点所影响，拓宽视角，开阔思路，进行自己的有创意的思考。

思维要广阔，不能狭隘

这里有个案例，叫作"避免霍布森选择"。"避免霍布森选择"是什么意思呢？300 多年，前在英国伦敦的郊区有一个人叫霍布森。他养了很多马，高马、矮马、花马、斑马、肥马、瘦马都有。他对来的人说，你们挑选我的马，可以选大的、小的、肥的，可以租马，可以买马，可以任意选择。人们非常高兴地来了，但是在马圈的旁边只留有一个很小的门，如果你选大一点儿的马，就很难牵出来，因为门开得很小。后来有一个获得诺贝尔奖的人，西蒙，就把这种现象叫作"霍布森选择"。就是说，你的思维境界只有这么大，没有打开，没有上层次，思维视野狭隘而封闭。那怎么办呢？我们要采取多向思维，以开放性的思维，拓宽那扇窄小的"思维之门"，如果能拓宽自身的思维视野，在解决任何困难和问题时就会游刃有余。

美国科学家曾做过一个实验，把一只蜜蜂和一只苍蝇分别放进一个开着口的玻璃瓶里，只留有瓶底是透光的，以此观察它们的反应。苍蝇乱飞一气，则从出口飞了出来，而蜜蜂始终对着透光的瓶底飞，最后累死在瓶子底。

蜜蜂没有意识到所处环境的变化，还是按照旧有的思路来向着"光明"飞行，结果却将自己累死。这个实验告诉我们，在面临新问题时，要启动头脑，进行开放性的思考，这是走出困境的最好思路。我们不管做什么事，不要囿于已有的思维方式，要打开思维的天线，从外界吸收更多新鲜的信息，面对新的问题与困难，不断调整思维方向，直到问题的解决，而不能一条道走到底。

马克思说过："最蹩脚的建筑师也要比最聪明的蜜蜂高明许多。"因为任何建筑师在造大楼之前，那栋楼就已经创意地存在于建筑师的大脑中；而蜂房再精妙绝伦，也只是蜜蜂们依靠本能在工作，它们事先并不知道把它造成什么样子。人们在匆忙的工作中都有一个明确的目标和计划，并能够对自己奔忙的结果进行预料。也就是说，人类更多的是在有目的地运用自己的创意能力，而不只是凭着本能或经验慢慢向前推进。

封闭式思维的形成实际上受方方面面因素的影响，比如环境、教育、感情、文化、认识等方面，这些因素都会自觉或不自觉地将你的思维渠道阻塞。我们要战胜造成阻碍思维发展的各种因素，就要学会以开放性的思维方式来理解和分析问题。比如，我们在思考问题时经常聚变思维多，裂变思维少；正向思维多，逆向思维少；逻辑分析判断多，想象和直觉思维少。对于个人来说，思维僵化，思路狭窄，就是我们俗话所说的"钻牛角尖""走死胡同"，一旦人的思维钻入"牛角尖"、走入"死胡同"，问题解决起来就困难了。不能以开放式的思维来认识和解决问题，就等于束缚了自己的思维。哥伦布能够在众目睽睽之下把鸡蛋竖起来，就是敢于打破思维的自我束缚性。

我们经常会看到，企业执行官不愿意查阅旧账，以免自己过去制定的决策重新受到人们的评论或质疑；企业班组负责人也不愿意让自己上个月刚刚设法否定的事情再度被提起或复审；职员们也同样不想让自己已获公司审批通过的构思再惹出麻烦，诸如此类的因素实际上往往使人们的思维故步自封。要想消除掉这些人为的因素，别无他法，就是要有勇气打破自我，敢于面对自己，以另外一种新的思维视角来看待和理解这些问题。

俗话说："当局者迷，旁观者清。"由于当事人对利害得失考虑得太多，过分耗费心机，看问题反而糊涂，没有旁观者冷静、客观、看得清楚，想得明白。我们要突破封闭式思维的束缚，就要跳出那种原地踏步式的思维圈子，用局外思维，站在更高层次上，把握事物的规律，从而摸准事物发展的脉络，找到最佳的解决方法。这时要特别注意处理好两个关系：一是站在局外思维与立足局内决策的关系。站在局外思维可以摆脱局限性，但又不能脱离实际，作出不切实际的决策。二是局外观察与局内权衡的关系。局外思维可以站在局外观察问题，但不能超脱局内利害得失来权衡决策。一个旁观者能轻易发表意见，是因为后果好坏与他没有直接的利害关系。因此，局外思维必须是在局外观察，在局内权衡定夺，这才能得到最佳的创意思维效果。

让思维互补，你会创意不绝

超前思维方法和滞后思维方法是以两把不同的"尺子"进行的思维活动，其方向相反。超前思维用未来的尺度来引导现在，使现在不断向将来过渡；而滞后思维则用历史、习惯、传统的尺子来限制现在，力图使现在成为过去的再现和重复。缺乏历史的尺度，就会失去创意前进的基点；而缺乏未来的尺度，就会失去创意前进的目标和方向。总之，两者缺一不可。

世界旅馆大王、美国巨富威尔逊在创业初期，全部家当只有一台分期付款"赊"来的爆玉米花机，价值 50 美元。第二次世界大战结束时，威尔逊做生意赚了点钱，便决定从事地皮生意。当时干这一行的人并不多，因为战后人们都很穷，买地皮盖房子、建商店、修建厂房的相当少，因此地皮的价格一直很低。听说威尔逊要干这种不赚钱的买卖，好朋友都反对，但威尔逊坚持己见，他认为这些人的目光太短浅。虽然连年的战争使美国经济不景气，但美国是战胜国，它的经济很快就会起飞的，地皮的价格也一定会日益上涨，赚钱是不会有问题的。威尔逊用手头的全部资金再加一部分贷款买下了市郊一块很大但却没人要的地皮。这块地皮由于地势低洼，既不适宜耕种，也不适宜盖房子，所以一直无人问津。可是威尔逊亲自到那里看了两次以后，竟以低价买下这块荒凉之地，这一次，连很少过问生意的母亲和妻子都出面干涉。可是威尔逊认为，美国经济很快就会繁荣，城市人口会越来越多，市区也会不断扩大，他买下的这块地皮一定会成为黄金宝地。

事情发展正如威尔逊所料，3 年之后，城市人口骤增，市区迅速发展，马路一直修到了威尔逊那块地的边上，人们才突然发现此地的风景实在宜人：宽阔的密西西比河从它旁边蜿蜒而过，大河两岸，杨柳成荫，是人们消夏避暑的好地方。于是，这块地皮马上身价倍增，许多商人都争相高价购买，但威尔逊并不急于出手，叫人捉摸不透。后来，威尔逊自己在这块地皮上盖起了一座汽车旅馆，命名为"假日旅馆"。假日旅馆由于地理位置好，舒适方便，开业后，游客盈门，生意非常兴隆。从那以后，威尔逊的假日旅馆便雨后春笋般地出现在美国及世界其他地方，这位高瞻远瞩的"风水先生"获得了成功。

做生意如同下棋一样，平庸之辈只能看到眼前的一两步，高明的棋手却能看出后五六步。能遇事处处留心，比别人看得更远、更准，这便是威尔逊具有的企业家素质。

当然，盲目的超前也不一定是好事，我们有时候也需要滞后思维。中国有句古话说厚积而薄发，在某些事情上，只有当我们积累好足够的经验，总结出更合适的模式，才能更好的达成目标。有这样一个故事：有一位年轻的画家，在他刚出道时，三年没有卖出去一幅画，这让他很苦恼。于是，他去请教一位世界闻名的老画家，他想知道为什么自己整整三年居然连一幅画都卖不出去。那位老画家微微一笑，问他每画一幅画大概用了多长时间。他说一般是一两天吧，最多不过三天。那老画家于是对他说，年轻人，那你换种方式试试吧，你用三年的时间去画一幅画，我保证你的画一两天就可以卖出去，最多不会超过三天。

这个故事虽然结构和情节都非常简单，却告诉了我们一个深刻而耐人寻味的道理：有些成功绝不是一蹴而就的，这个时候需要有滞后思维，静下心来不断地积蓄力量，才能够"绳锯木断，滴水穿石"。

所以说，要想有创意，也需要有这两种思维的帮助，只有将创意建立在这两种思维的基础上，才会符合现实，才会更加容易实现。

让思路拐几个弯

曲折迂回法是指解决某个问题的思考活动遇到了难以消除的障碍时，可谋求避开或越过障碍而解决问题的思维方法。人们在进行创造性活动中，其思路绝不能永远直线前进，事物或问题的复杂性也不容许这样。必须通过一切迂回曲折的道路去探索其中过程的依次发展阶段，才能透过表面的偶然性揭示出其内在的规律性。

1928 年夏天，积劳成疾的美国银行家贾尼尼离开了"刀光剑影"的纽约华尔街，回到风光旖旎的家乡意大利米兰休养。他身在意大利米兰，心却在美国纽约。贾尼尼始终密切地关注着万里之遥的纽约华尔街的情况。

一天，贾尼尼突然被一条新闻惊呆了。这条刊登在头版头条的新闻是这样写的："贾尼尼的控股公司纽约意大利银行的股票暴跌 50%，加州意大利银行的股票亦出现 36% 的跌幅。"

贾尼尼大吃一惊，心急火燎地赶回加州的旧金山。

在儿子玛利欧的豪华住宅里，贾尼尼召开了紧急会议。他阴沉着脸火爆地大声质问憔悴不堪的玛利欧："股价如此暴跌，一定有人在背后捣鬼，到底是谁?"在一旁的律师吉姆·巴西加尔赶忙替玛利欧回答道："股价暴跌是由摩根的纽约联邦储备银行引起的，他们认为意大利银行涉嫌垄断，逼我们卖掉银行 51% 的股份。

原来，意大利银行收购旧金山自由银行之后，金融巨头摩根怀疑贾尼尼野心勃勃要控制全美国的银行业，因此招来了联邦储备银行的干预。

面对这种情况，玛利欧主张卖出意大利银行的一部分资产，然后再买回公开上市的股票，使意大利银行由上市的公众持股公司变成不上市的内部持股公司而脱离华尔街的股票市场。

其他的董事也都认为玛利欧所说的是目前唯一可行的办法，只有这样才能使意大利银行不至于倒闭。

但是，他们达成的一致意见却遭到贾尼尼的强烈反对，他认为这一策略不无可取之处，但未免太消极。

　　大家都沉默了，用征询的目光看着贾尼尼，意思是说，你否决了我们的建议，难道你有什么更好的办法吗？他们对于贾尼尼善于出奇制胜的才能一点也不怀疑。

　　然而，贾尼尼却说出一番使大家更吃惊的话："再过两年我就进入花甲之年了，而且身体也渐渐支撑不住了，我要辞去意大利银行总裁的职务。"

　　此话一出，令在场的人都大为吃惊，大家都痛苦地低下了头。因为他们都明白，贾尼尼是说到做到的人，是绝不会反悔的。

　　玛利欧却迫不及待地劝说："爸爸，我们焦急地盼望您回国，不是想听您说这句话的，您呕心沥血一手建造起来的意大利银行，如今正处于生死攸关的紧急关头，我们需要您带我们一起渡过这个难关！"

　　贾尼尼放声大笑起来，他挥起着拳头说："我决不会让意大利银行倒下的！"

　　大家的情绪立即激昂起来，他们心里明白，贾尼尼已经有了一个非常好的对策。他们都瞪大了眼睛盯着他。贾尼尼接着说："不但如此，我还要设立一个比意大利银行大好几倍的控股公司！我之所以辞职，就是要以个人的身份去游说总统和财政部长，促使他们制定一条新的法令，使商业银行的全国分行网络合法化。"

　　玛利欧却泄气地说："等您说服他们颁布新法令，意人利银行早就完了。"贾尼尼瞪了他一眼，似乎是责备儿子怎么这么没志气，接着说："当然，我去游说，一方面是争取合法化，另一方面也是一条缓兵之计。我们不仅不能让意大利银行倒下，而且还要设立比意大利银行大几倍的全国性的巨型控股公司，发展出一个以原始银行业务为支柱的最大的民办商业银行。"

贾尼尼这种高瞻远瞩的气魄，让大家都佩服得五体投地，对他的金蝉脱壳决策一致表示赞同。

于是，玛利欧等人很快就到德拉瓦注册成立了一家新公司——泛美股份有限公司，该公司的最大股东就是意大利银行。但由于它的股票分散在大量的小股东手里，因而外人很难再怀疑它有垄断嫌疑。

他们再以这家公司的名义，把别人控制下的正在暴跌的意大利银行的股票低价买进，这样一来，便挫败了摩根等人欲置意大利银行于死地的阴谋。意大利银行不仅没有垮下，而且越来越壮大。后来它甚至吞并了美洲银行，并将各分行都全部改名为美国商业银行。

贾尼尼担任美国商业银行这个全美第一大商业银行的总裁，成为改写美国金融历史的巨人之一。

所以，想要有创意，不妨改变一下自己的思维方法，碰到什么样的情况用什么样的思维方法，这样，就会拥有合适的解决问题的办法。

第 6 章

千呼万唤始出来

　　创意和方法一样，只有更好，没有最好，当我们愿意开动脑筋去找的时候，我们就有可能找到新的出路。

第二十一个应聘者

暑假前，16 岁的佛瑞迪对父亲说："我要找份工作，这样我整个夏季就不用伸手向你要钱了。"不久，佛瑞迪便在广告上找到适合他的工作。第二天上午 8 点钟，他按要求来到纽约第 42 街的报考地点，可那时已有 20 位求职者排在队伍的前面，他是第 21 位。

怎样才能引起主考者的特别注意而赢得职位呢？佛瑞迪沉思良久后想出了一个主意：他拿出一张纸，在上面写了几行字，然后把纸折得整整齐齐交给秘书小姐，恭敬地说："小姐，请你马上把这张纸条交给你的老板，非常重要!""好啊，先让我看看这张纸条……"秘书小姐看了纸条上的字后不禁微笑起来，并立刻站起来走进老板的办公室。结果，老板看了也大声笑了起来。原来纸条上写着："先生，我排在队伍的第 21 位。在您看到我之前，请不要作任何决定。"最后，佛瑞迪如愿以偿地得到了这份工作。很显然，这是佛瑞迪善于思考产生的效果。佛瑞迪的故事和成功经验形象地告诉我们：一个善于动脑筋思考的人总能把握住机会，并妥善地解决问题，成功离不开睿智，创意亦然。

用心思考，善于开动脑筋，创意自然就会来敲门。

创意肯定是有的，重在寻找

任何事情都有解决的办法，关键在于寻找。事业遇到困难，很多时候不在于困难本身有多大，而在于我们没有找到很好的办法。做事死脑筋的人往往不知道灵活和变通，不懂得去寻找更好的方法，往往凭借自己的一腔热情去不断地冲击困难。也许最后也有效，但是事情一定有更巧的方法。

美国黑人富豪约翰逊决定在芝加哥为公司总部兴建一座办公大楼，去了无数家银行，但始终没贷到一笔款。于是决定先上马后加鞭，设法将自己的 200 万美元凑集起来，聘请一位承包商，要他放手建造，自己想方法筹集所需要的其余 500 万美元。

当建造持续施工使得所剩的钱仅够再花一个星期时间，约翰逊和大都会人寿保险公司的一个主管在纽约市一起吃晚饭。约翰逊拿出经常带在身边的一张蓝图准备摊在餐桌上时，保险公司主管对约翰逊说："这儿我们不便谈，明天到我的办公室来。"

第二天，当约翰逊断定大都会公司很有希望给他抵押贷款时，他说："好极了，唯一的问题是今天我就需要得到贷款的承诺。"

"你一定在开玩笑，我们从来没有在一天之内给过这样贷款的承诺。"保险公司主管回答。

约翰逊把椅子拉近说："你是这个部门的主管。也许你应该试试看你有无足够的权力把这件事一天之内办妥。"

对方微笑着说："你是逼我上梁山，不过，还是让我试一试看。"

他试过以后，本来他说办不到的事儿终于办到了，约翰逊也在钱花光之前几个小时回到了芝加哥。

一项事业，只要目标合理，肯定能办成。做事业的人一定要坚定这样的态度。只有在这样的态度下，我们才能够坚定自己前进的出路。如果我们自己都不相信目标一定能够实现，那么无论是多小的困难，都有可能让我们止步不前。

我们要学会积极寻找新的办法，一定要坚信办法一定比困难多。不但要自己坚信这一点，而且要让与自己同行的人也坚信这一点，只有这样，我们才能够获得持续的成功。创意又何尝不是这样呢？若我们不积极寻找，创意只会躲在问题背后永不出现。

好创意不会增加成本

在做事业的过程中，要善于使用新创意。通过新创意的使用，不仅促使工作更有效率，而且能够调动大家的热情。做事死脑筋的人或许认为采用新创意会增加成本。事实上，新创意采用得当，不仅不会增加成本，而且还会有效地降低成本。

一个人养了一群猴子，每天早上给每只猴子喂 3 个桃子，晚上给猴子喂 4 个桃子。猴子们意见很大，纷纷抗议，又是哭闹又是搞破坏。养猴人于是改变了策略，改为早上喂 4 个桃子，晚上喂 3 个桃子，结果猴子们皆大欢喜，再也不哭闹了。

这就是庄子给我们讲述的"朝三暮四"的寓言故事。庄子认为，养猴人是"识道"之人，也就是掌握了管理规律的人，他的方法是非常机智、可取的。从财富分配的角度看，养猴人并没有增加桃子，只是改变了分配的方案，由"朝三暮四"改为"朝四暮三"，却取得了理想的管理效果。

新创意不是花钱折腾人，事业的实现过程中完全可以按照技术创新来降低成本的模式来不断降低我们的事业成本。我们可以严格审查我们事业中的环节，寻找其中的降本增效空间。正像当年泰勒做科学管理实验一样，通过对工艺的持续关注和对流程的分析，最终缩短了工艺，大幅提高了效率。在我们事业进行的过程中，难免会积累一些看起来确实需要，但实际上根本不做功的流程和程序，这样的流程和程序完全可以通过分析辨别出来。我们要有这样一种精神和动力，不断去优化流程，以保证整体效率的提升。

我们要不断去采用新创意，通过新创意实现更好的效果。

站在别人的角度来想问题

要想说服别人，一定要站在别人的角度考虑问题。从人的本性来讲，任何人第一关心的是和自己利益相关的事情。为此，我们要从别人的角度出发，从别人的利益出发，帮助别人去思考。死脑筋的人做事情往往都是从自己的利益出发，想着自己要实现什么，需要别人怎样配合。其实自己要实现什么，和别人有什么关系呢？

半个世纪前的欧洲，电影是一种非常时髦的玩意儿，大大小小的电影院里，总是挤满了看电影的观众，而其中的一间电影院，却出现了一个小麻烦：总有一些年轻的女孩，在欣赏电影时还戴着大帽子，挡住后面观众的视线，引来了不少投诉。于是，有人建议老板发出一道禁令，禁止观众戴帽子。但由于戴帽子是当地女性的一种风俗，老板想了一会说道："这样做不太好，为了票房着想，只能用提倡的方法。"

于是，等到下一场电影开始的时候，银幕上特意打出了这样一行通告："凡年老体弱的女士，允许戴帽观看电影，不必摘下。"

这样一来，所有的帽子，都立即被摘下。

从别人的角度出发，所得的做法往往富有创意，更能有效地达成目的。

一项伟大的事业，不仅要通过伟大的目标来鼓舞人、激励人，而且要通过和他人的切身利益相连，来不断地获得支持。一项事业，如果仅仅满足个人的私利，根本谈不上伟大。为此我们的事业一定要符合更多人的需求，在具体的事业规划中，要充分考虑同行人的利益，通过对同行人利益的充分考虑，我们会获得他们的支持，这样持续将事业推向成功。

那些长期的、有目标的利益，让人们获得了持续前进的动力，在这一利益的实现过程中，要充分体现相关人的个人价值，要充分发挥他们的聪明才智。

善于利用别人的好奇心

做事的过程中，要充分利用别人的好奇心，毕竟人们都对新鲜的事物感到好奇。这是富有创意的做法，是让一个好创意实现的途径。事实上，真正能成大事的创业者，一定会将目标和理想充分渲染，充分调动大家的好奇心和积极性，最后推动目标的实现。

台湾地区的一家动物园，于1998年曾经展出了一只"疑是熊猫"的小动物。他们一边大做广告，一边请动物专家各抒己见。于是，许多人都争先恐后地前去参观，园主大赚一笔。

一家泰国酒吧的主人在门口放了一口缸，里面放上酒。蒙上一块布，缸外写着几个字"不许偷看"。过往行人都十分好奇，纷纷打开来看。只见里面是扑鼻的陈酒，酒水下面还有一行字"本店美酒与众不同，请享用"。顾客们先是会心一笑，然后就循着酒香走进酒吧。

我们要善于用一种变通的方法来做事情，用一种很是乐趣的方式来寻求别人的帮助。一项事业的具体工作很多时候都是索然无味的，这种索然无味的工作往往很难进行下去，即便能够进行下去，也往往不能保质保量。为此，在具体的事业中，我们要学会将它乐趣化，让所有的人乐于参与。

现实管理中的种种理论，很多看来都是冷冰冰的，但这并不是管理学家的本意，也不是企业家应该时刻恪守的规则。理论的东西是人们的一种思维方式，和现实生活完全是两个范畴。为此我们的创业者一定要将理论用活用好，在现实生活中用一种温暖和热情，将理论给潜移默化地贯彻下去。

我们要学会充分利用别人的好奇心，为此，我们必须保证事业的新鲜感，不要让事业索然。

简单中也潜藏着创意

遇到问题，我们都想找到最好的办法。但是最好的办法并不意味着得来最难。事实上，很多好的办法都很简单，可能是一个很小的动作就可以让事情逆转。遇到很糟糕的情况时，最好的办法无外乎从最简单的方法想起。做事死脑筋的人往往不会用简单的办法，他们追求复杂，他们错误地把复杂理解成为科学和先进。显然，这是有悖于事实的。

1933 年 3 月，罗斯福宣誓就任美国第 32 任总统。当时，美国正发生持续时间最长、涉及范围最广的经济大萧条。就在罗斯福就任总统的当天，全国只有很少的几家大银行能正常营业，大量的现金支票都无法兑现。银行家、商人、市民都处于恐慌状态，稍有一点风吹草动都会导致全国性的动荡和骚乱。

在坐上总统宝座的第三天，罗斯福发布了一条惊人决定——全国银行一律休假三天。这意味着全国银行将中止支付三天。这样一来，高度紧张和疲惫的银行系统就有了较为充裕的时间进行各种调整和准备。

这个看似平淡无奇的举动，却产生了奇迹般的作用。全国银行休假三天后的一周之内，占全美国银行总数四分之三的 13500 多家银行恢复了正常营业，交易所又重新响起了锣声，纽约股票价格上涨 15%。罗斯福的这一决断，不仅避免了银行系统的整体瘫痪，而且带动了经济的整体复苏，堪称四两拨千斤的经典之作。

罗斯福用这样一种简单方法就能力挽狂澜，而且产生了立竿见影的效果，说明这个简单的办法中蕴含着巨大的创意。因为他一下抓住了银行——整个"国家经济的血脉"所存在的问题，抓住了整个经济中最重要的问题，并选择了一个最简单易行的方法去解决了。

很多时候，快刀是对麻团的最好解决。也正如亚历山大一刀砍掉绳结一样，通过最简单的办法，他成了世界上最有力量的人。

从生活常识出发寻找创意

生活常识是好创意的源泉，从生活的常识出发，往往会有意想不到的收获。做事死脑筋的人往往凭借着自己的经验，这种经验往往是形成的金科玉律式的教条，认为通过这些便可以解决问题。事实上，高明的解决办法是从生活常识出发，一切办法来自生活，一切办法又回到生活。

一位十分著名的建筑师建造了一组现代化的办公大楼。这是三幢建设在一大片空地上遥遥相望的大楼，十分漂亮，建筑师超人的艺术素养得到了淋漓尽致的发挥。早在大楼轮廓初现的时候，人们已经啧啧赞叹了。

等到大楼快要竣工的时候，工人们问如何铺设三栋大楼之间的人行道。

建筑师的回答让所有的人大吃一惊："在大楼之间的空地上全种上草。"虽然大家很纳闷，但是出于信任，没有人提出任何异议。一个星期之后，这片空地全部种上了草。

一个夏天过后，在三栋大楼之间和通往外面的草地上，已经被来来往往的行人踩出了若干条小路。有的小路因为走的人多一些，于是比较宽，有的小路因为走的人比较少，于是比较窄。他们蜿蜒伸展，错落有致。

到了秋天，建筑师带领着工人们来了，他让工人沿着人们踩出的路痕铺就了大楼之间和通向外面的人行道，然后在道路两旁种上了树木和花草。

最后，每一个行走在这些道路上的人都赞叹不已，直呼建筑师创造了奇迹。

建筑师真的创造了奇迹吗？显然是的。那么这种奇迹从哪里来？自然是从生活常识中来。在设计小路的时候，建筑师为了充分考虑到人们通行的习惯方便，他用草地做了一个调研，最后调研的结果就是未来设计的方案。

所以，创意源于生活，最终又回归生活。

创意可通过推理实现

生活就是一条巨大的链条，只要见到其中的一环，整个链条的情况就可以推想出来。

这是历史上的一个真实故事。1933 年，战争狂徒希特勒建立了"纳粹政权"后，为了笼络人心，巩固"纳粹政权"，异想天开地提出，要让每一个普通的德国人都有一部小轿车。他下令由汽车设计专家菲·保尔博士负责设计这种命名为"大众"的小轿车，并强行规定价格必须在 1000 马克以下，好让普通的德国人买得起。这个价格比当时的汽车价格低了 2/3 以上。希特勒还要求，技术上要采用空冷式发动机，最高时速定为每小时 100 公里，耗油量限制在 7 公升 / 百公里以下，可乘 4~5 人。无论后人怎样评价希特勒的反常和狂妄，但这种要求却成为一种契机。廉价而普及型的"大众"车的研究、生产和销售都大大促进了德国汽车工业的发展。

通常，一种新型车或新产品，总是根据各方面的要求确定技术指标，然后以此为依据进行设计和研制。成功之后，再根据生产和流通等各方面的开支，严格地进行成本核算，最后确定销售价格。而大众车价格的确定完全是一种反常规的做法，在汽车设计、研制、生产等八字没一撇的情况下，就根据德国人的一般生活水平，硬性规定每辆车的售价必须低于 1000 马克。在这个一反常规、蛮横不讲理的价格决策下再去进行设计、研制以及生产、技术、成本核算等方面的工作。而且所有的工作都必须满足价格低于 1000 马克的先决条件。然而，正是这种一反常规的价格决策奠定了大众汽车公司后来兴旺发达的基础。

大众汽车于 1936 年试车成功，1938 年开始批量生产。希特勒下令要在不到 4 年的时间里达到大批量生产的目标。1939 年，希特勒发动了"第二次世界大战"，许诺给普通德国人的大众汽车成了泡影。生产大众车的工厂也就成了兵工厂，专门生产装甲车、各类军车、飞机发动机和地雷。后来，这个工厂遭到盟军的轰炸，被破坏了 60% 以上，战后恢复生产。1945 年，大众车的产量只有 1785 辆，这和英美等国的大厂家相比有天壤之别。1948 年，若卢特霍博士担任了大众汽车厂的负责人，他重新肯定了保尔博士设计的大众车的优越性的特点，继续坚持大众车的生产，努力扩大销售。

2 年后，大众车的产销量从 1945 年的 1000 辆猛增至 8 万辆，5 年后增至 13 万辆以上，改变了德国汽车工业的落后面貌。"大众"并未就此止步，而是眼睛盯着当时世界上大规模生产汽车的先进国家——美国，引进了美国的自动化生产线。到 50 年代末，大众产销量就已超过 200 万辆，1966 年的营业额超过 100 亿马克，位列世界汽车工业企业第 4 名。目前，大众汽车公司已建设成功 4 个规模不等的同类工厂。1954 年独资在美国创建了"美国大众汽车公司"，投资总额达 2 亿 6 千万美元，1966 年在美国销售的大众汽车已达 50 万辆，占美国销售外国车总量的一半，1967 年销售量已占全美外国车销售量的 60％ 以上；另外，在法国、巴西、澳大利亚、南非等国设有经营销售业务或兼营汽车装配业务的分公司，并在世界各国设有 5000 多个维修和服务中心，这些服务中心保持优质高效的服务。大众车在世界市场上占领并巩固了自己的地位，获得了成功和胜利。

《孙子兵法》说："凡战者，以正合，以奇胜。"如果在企业经营管理上也可以"出奇制胜"，那么，大众车制胜的奇就在于连大众车的影子都没有的时候，就已经确定了它的销售价格。

由此看来，有些创意是可以通过推理来实现的，通过推理，我们可以明白将要发生的事情，从而为我们的下一步行动提供有效的方向，这样，我们做起事来也会得心应手，游刃有余了！

第 7 章

突破规则，谋定而后动

　　同样的竞争市场，同样的勇气，同样的资历，还有同样跃跃欲试的梦想，失败和成功相差的就是那么一点点小小的创意。

不循常理的犹太人

犹太教作为流传几千年的文明，没有给世人留下什么值得骄傲的宫殿和建筑，也没有给人们留下美妙的音乐，唯一留下的就是智慧。智慧是一切财富的根源。犹太人就是凭借着这些智慧登上了世界第一商人的宝座，他们在财富领域的成就让世人刮目相看。而不循常理，就是犹太人智慧财富中最耀眼的一颗钻石。

"不了解犹太人，就不了解财富。"犹太人对财富产生了重大的影响。也有人夸张地说："三个犹太人坐在一起，就可以决定世界的经济。"

还有一个非常经典的说法：世界的钱在美国人的口袋里，而美国人的钱却在犹太人的口袋里。犹太人如此优秀，让世界为之震惊，这样一个伟大的民族，引起了世界普遍的兴趣。他们是世界上的少数人，但是却掌握了世界上庞大的资产；他们遭受了千年的凌辱，备受打击、四处流浪，然而却惊人地富有；他们没有什么资本，但是却始终处于金钱的顶峰、权力的中心。其实，犹太人挣钱的艺术并不神秘，他们依靠的是不按常理的智慧，比一般人想得更深远一些。看了下面的故事你就明白犹太人为什么如此精明了。

一天，犹太富翁哈德走进纽约花旗银行的贷款部，大模大样地坐了下来。

看这位绅士很神气，打扮又很华贵，贷款部的经理不敢怠慢，赶紧招呼：

"这位先生有什么事情需要我帮忙吗？"

"哦，我想借些钱。"

"好啊，你要借多少？"

"1美元。"

"只需要1美元？"

"不错，只借1美元，可以吗？"

"当然可以，不过像你这样的绅士，只要有担保多借点也可以。"

"那这些担保可以吗？"

犹太人说着，从豪华的皮包里取出一大堆珠宝堆在写字台上。

"喏，这是价值50万美元的珠宝，够吗？"

"当然，当然！不过，你只要借1美元？"

"是的。"犹太人接过了1美元，就准备离开银行。

　　在旁边观看的分行行长此时有点傻了，他怎么也弄不明白这个犹太人为何抵押 50 万美元就借 1 美元，他急忙追上前去，对犹太人说：

　　"这位先生，请等一下，我想知道你有价值 50 万美元的珠宝，为什么只借 1 美元呢？假如你想借 30 万、40 万美元的话，我们也会考虑的。"

　　"啊，是这样的，我来贵行之前，问过好几家金库，他们保险箱的租金都很昂贵，而你这里的租金很便宜，一年才花 6 美分。"

　　看，这就是犹太人的精明之处！银行是存钱的地方，也是贷款的地方，而贷款需要抵押。别人是有大量的资金需求才来贷款的。而银行为了保证资金可以正常地回收，就需要超出所借资金多一些的抵押金。别人通常是希望借贷的资金越多越好，而必需的抵押越少越好，而他却反其道而行之，他的抵押金很高，用了价值 50 万美元的珠宝，借贷的资金只是 1 美元。这完全超出了平常人的思维，超越了常规的操作。而犹太人用很高的抵押金换取区区 1 美元的贷款，却是合法的，大大节省了租用保险箱的费用。

　　《塔木德》里记录了这样一个故事：

　　米姆尔问他的朋友史耐依："你在法理学院学习，可以给我讲讲什么是犹太法典吗？"史耐依说："米姆尔，我可以举个例子来解释，不过我可以先提问题吗？如果有两个犹太人从一个高大的烟囱里掉了下去，其中一个身上满是烟灰，而另一个却很干净，那么他们谁会去洗洗身子呢？""当然是那个身上脏了的人！"

"你错了。那个人看着没有弄脏身子的人想道：'我的身上一定也是干净的；而身上干净的人，看到满是烟灰的另一个人，就认为自己可能和他一样脏。所以，他要去洗澡。"

"见鬼！"米姆尔嘀咕了一句。

"我要再问第二个问题，他们两个人后来再次掉进了高大的烟囱，谁会去洗澡？"史耐依问道。"这我就知道了，是那个干净的人！"

"不，你又错了！身上干净的人在洗澡时发现自己并不太脏，而那个弄脏了的人则相反。他明白了那位干净的人为什么要去洗澡，因此，这次他跑去洗了。

"我再问你第三个问题，他们两个人第三次从烟囱里掉下来，谁又会去洗澡呢？"

"那当然还是那个弄脏了身子的人！"

"不，你还是错了！你见过两个人从同一个烟囱里掉下来，其中一个人干净、另一个肮脏的事情吗？"

"这就是犹太商道！"

这就是犹太人。他们思想开放，崇尚自由，反对一切守旧的东西，更不会为一些僵化的观念和传统的做法所束缚。所以，学会不按常理出牌，让你的创意闪现夺目光芒。

创意也在规则的改变中

规则的改变带来财富的重新分配，大到朝代更替，小到报纸上的一个头条新闻，均是规则改变的表现形式。只要有心，自然可以发现其中的发财机会。

在我们身边改变的大小规则何止 300 个，而成就百万富翁的规则改变只需要一个。假如成为百万富翁的概率是 1/300，那你三年成为百万富翁的概率就是 100%。

20 世纪 90 年代初企业融资规则的改变，沪深股市的出现成就了一大批百万富翁；20 世纪 90 年代末人类交流方式的重大改变，网络的出现成就了一大批百万富翁；21 世纪初由于福利分房规则的改变，房价暴涨成就了无数百万富翁；2003 年内地资金突破区域规则进入香港 H 股市场，造就了很多的百万富翁。

有人言必称西方、美国，其实是对国内一些"规则"改变方向的预期，因此而发财的人举不胜举。最典型的是温州人，研究认为温州人的成功在于它拥有遍布世界各地的温州帮，信息的灵通让他们对国内规则演变的理解最透彻。

2004年国内股市的重新洗牌，意味着旧规则的重大改变，又将成就多少百万富翁、千万富翁、亿万富翁呢？你和你的老板都准备好了吗？行业的动荡将成就新的"行业大鳄"，在可预计的三五年后，在成功的企业讲述它成功的经历时，一定有这样一段：2004年，证券行业遇到了前所未有的困难，全行业亏损已不能避免，职业的敏感让我们意识到一个千载难逢的介入证券行业的机会出现了，我们在认真分析了行业现状及未来发展情形后，经过……终于携10亿元人民币巨资介入证券业，经过五年的发展，公司市值已超过1000亿元人民币……

这就是规则改变带来的价值，现在很多人都在说证券业不合理的地方太多，但越不合理的规则，改变的可能性越大。

中国作为发展中的国家，需要改变的规则何止千万。

了解规则，研究规则的改变，从中提炼方法，获得创意，便是发现财富之路。

财富法则：碰到不合理的规则，说明你碰到了财神！与其大骂规则不合理，不如闷头发财。对规则改变的准确预期是真正的生财之道。

超出常规才是策略

战场上形势复杂多变，常会出现意想不到的事件。一个指挥官的成功，并不在于按规则或典范来照搬照抄，也不在于对作战原则的因袭套用，而在于根据具体的情况来采取新的作战方针。

蒙哥马利在作战中，认为在战场上每种情况都必须被看作一个全新的问题来研究，并作出相应的新对策。要不受常规或传统的约束和限制，突破条条框框，制定出合乎实际的合理而有效的战略方针。

在就任第 8 集团军总司令之初，蒙哥马利为鼓舞士气，成功地指挥了阿拉姆哈勒法山战役，在这次战役中，他在三个方面采取了机动灵活的手段，突破了常规。第一，他摆脱了英军沙漠作战的传统，在战役前对坦克进行了正确的部署，并在战役中对坦克实施了严格的控制；第二，他认识到制空权的重要性，改变了陆空军互不联系的传统，主动与空军合作，使陆军与空军为同一计划同心协力，紧密配合，在整个战役中牢牢掌握制空权；第三，他大量使用火炮，给敌人造成较大伤亡。

就任第 8 集团军总司令前，蒙哥马利就了解到隆美尔的精锐部队为装甲部队，要击败隆美尔，第 8 集团军必须拥有一支装备完善、训练有素的装甲军。蒙哥马利深知当时的第 8 集团军还远远不具备这个条件，他在作战计划中给隆美尔的非洲军团设置了一个陷阱，使它无论采取什么样的进攻方法，第 8 集团军都能将它堵住。他严格地控制坦克的使用，并将不同意这种作战方针的第 7 装甲师师长伦顿撤换。因为在蒙哥马利视察南翼阵地时，与伦顿就隆美尔即将发动的攻击交换了看法，伦顿执意坚持要解决的唯一问题是，由谁率领装甲部队向隆美尔发起攻势，他认为自己可以担起此任。但蒙哥马利不准备利用坦克发起攻击，而要让隆美尔的装甲部队撞上来。两人争执良久，蒙哥马利认为伦顿头脑僵化，不能理解他的作战原则，于是决定将伦顿撤职。

蒙哥马利的前任忽视陆军和空军的相互配合，各级指挥官也未认识到空军在战斗中的重大作用，陆军与空军似乎互不相干，相互联系也比较少。蒙哥马利在制订作战计划时，注意到空军的重要作用，并使陆空军联合作战，紧密配合。在全面计划中，他将空军作为一个重要的因素。在战斗中，当隆美尔被困时，英国空军的飞机以密集的队形对其轮番攻击，实施"地毯式轰炸"。大编队的轰炸机对德军的装甲纵队进行无休无止的空袭，卡车、运兵车和坦克都成为空袭的目标。更为重要的是，恃德派遣惠灵顿式轰炸机轰炸了隆美尔用以发动攻击的后方基地托布鲁克，使隆美尔得到补给的最后希望破灭，不得不决定停止攻击。隆美尔不得不感慨道："谁要是被迫同完全掌握了制空权的敌人作战，即使他拥有最新式的武器，也将像原始人同现代欧洲军队对阵一样，处境十分艰难而绝无胜利的可能。"

同时，蒙哥马利还以空前集中的方式使用炮兵。集中火力从各方面对敌人进行射击，使敌方装甲车和各种非装甲车辆损失惨重。在英格兰，蒙哥马利曾用无线电同时指挥大量火炮射击的实验。在这次战役中，他将试验付诸实践，集中火力炮击隆美尔的军队。

在阿拉曼战役中，蒙哥马利又一次超越常规，制订并实施了超越平常作战原则的计划。当时一般公认的作战原则是，在战役计划中应首先着眼于消灭敌人的装甲部队，一旦敌人的装甲部队被消灭，敌人的非装甲部队就很容易对付。

蒙哥马利分析了当时的情况，认为第 8 集团军的装甲部队的训练水平还不高，还不能够保证干净利落地迅速突破，并在"轻步"计划所要求的坦克大决战中居于优势地位。因此，他提出了一个不同的作战原则：先消灭敌人的非装甲部队，暂不打他的装甲师，留待以后再收拾他们。他根据这个原则改变了原来的"轻步"计划。蒙哥马利这个反常规的原则遭到了许多人的反对，首相丘吉尔深为阿拉曼战役担忧。他发来电报指出："发明坦克的本意是为了在敌人机枪火力的威胁下，替步兵开辟道路。现在却要步兵来为坦克开辟道路。在我看来，这是一项非常艰巨的任务，因为火力已经大大加强了。"一些部属军官也对这种改变固有原则的举动能否赢得成功感到怀疑。蒙哥马利全然不理会这些抱怨，果断而坚决地将作战计划付诸实施，终于赢得了胜利。

蒙哥马利在强渡莱茵河的战役中也采用了超越常规的办法，并取得了圆满的结果。1945 年 3 月，在南起瑞士北迄北海的漫长战线上，盟军逼近莱茵河。蒙哥马利将强渡莱茵河的战役作为最终打败德国人的开端来设计，为第 21 集团军群强渡莱茵河进行了精心的筹划。按常规，要发动地面进攻，必须首先使用空降部队作先导，蒙哥马利根据当时具体实际，决定反其道而行之，将常规颠倒，首行使用两栖坦克支持步兵发动袭击，而后出动空降部队。为了使这个反常规的计划得到顺利实施，蒙哥马利进行了一系列准备。首先，他将渡河地段选择在莱茵河下游威塞尔附近。为确保强渡莱茵河万无一失，他运用诈敌术，在伪装的掩护下，将大量的人员、装备秘密运送到沿河一线。当时秘密屯集了 11.8 万吨的各种各样的供应物资，13.8 万吨的弹药。发动进攻前的一周内，662 辆坦克、4000 辆装甲运输车和 3.2 万辆其他车辆的大部分都在夜间进入了阵地。皇家海军的 36 艘登陆艇也通过欧洲大陆的公路运到了前线。所有这一切都经过精心伪装，使敌人无法察觉。

同时，蒙哥马利检查了部队的后勤状况，发现情况良好，汽油、武器和粮秣供应均极充裕，部队健康状况极佳，发病率平均每周每千人不到 6.75 人。战前，蒙哥马利发布了致第 21 集团军群全体官兵的信，分析了当时的情况，认为"敌人自以为莱茵河天险难渡，能保其安全，我们也承认这是条天险，但我们要让敌人看到，这决不能保障他们的安全"，我们这支由陆空军组成的强大的盟军战斗部队，将毫不犹豫地攻克这一天险。

3 月 23 日，蒙哥马利以美第 9 集团军为右翼，英国第 2 集团军为左翼，准备突破 30 英里的河防，当晚 10 点 30 分，3500 门大炮向莱茵河对岸轰击，200 多架轰炸机轮番投掷了 1000 吨炸弹，然后 4 个师开始强渡莱茵河。24 日凌晨，空降作战行动开始，运载空降部队的有飞机 1500 多架，滑翔机 1300 多架，还有 889 架战斗机护航。在空降目标地区的上空，另有 2000 多架战斗机组成一道防御屏障，阻挡德国空军的偷袭，近万名伞兵按照指示，有条不紊地陆续降落，占领威塞尔附近的重要据点，并迅速会合已经渡河的地面突击队，扫荡残敌，德军防线迅速崩溃，盟军从此开始向德国本土挺进。强渡莱茵河，是蒙哥马利作为一个统帅的光辉杰作，也是在他指挥下忠诚战斗的部队的壮举。这次战役，充分体现了蒙哥马利的谋略，欺骗计划与稳扎稳打水乳交融，同时更为重要的是不囿于常规，不受过去作战方略的束缚，根据具体情况，采取机动灵活的谋略，确立相应的合乎实际的战术手段，以赢得胜利作为最终的目标。

英国元帅蒙哥马利说过："在作战中，指挥艺术在于懂得没有一个情况是相同的。每个情况必须当作一个全新的问题来研究，作出全新的答案。"

出"奇"制胜

"一个便宜三个爱"，所以众多厂家常以"物美价廉"来吸引顾客。而美国休利特—派卡德公司（Hewleff—Packard Company，简称 HP 公司，即中国人熟悉的惠普公司）的董事长派德却有与众不同的经营理念：要多在产品上下工夫，以优异性能使消费者愿意多付钱，而不要在价格上竞争。

当其他公司为提高营业额，而纷纷降价销售和减少研制费用的时候，HP 公司却反其道而行之，将产品平均提价 10%，研究开发费用增加 20%。在这以后，HP 公司营业额持续三年的高增长率降下来了，但公司的利润额却得到了大幅度的提高。数字很能说明问题：当年 6 月，HP 公司的营业额只上升了 14%，为 46000 万美元；而利润却上升了 21%，达 4200 万美元。更令人吃惊的是该公司的资产负债的变化，一年前，HP 公司短期负债为 11800 万美元，并准备计划长期负债，但在公司转变经营观念以后，HP 公司却几乎全部偿清了债务。

这一变化似乎令人难以想象，HP 公司的做法显然违背常理，但效果却如此明显，看来，在一个一切按常规正常运行的社会里，"不按常理出牌"，有时真能使企业脱颖而出。

HP 公司作为一家主要经营电子计算机、电子仪器的制造商，以其独特的经营哲学和经营策略，回答了如今高科技公司所面临的共同难题：一方面，技术更新加快，市场竞争加强，公司必须投入大量的资金，研究开发新产品，保持技术领先。另一方面，经济衰退，银根紧缩，公司必须尽量削减费用支出，研究费用则首当其冲，而提高科技水平是高科技公司的生存之本，一旦研究投入减少，公司的竞争力将不可避免地下降。

当然，HP 公司之所以敢于将大笔经费用于研制、创新，凭借的是其先进技术所研制出的产品不可能被迅速仿造，这样该公司才敢增加研究费用，还将商品提价。所以，"超越常规"并不是"人有多大胆，地有多大产"的胡乱犯规，而是一种有其根基的创新思维。

同样地，柯达公司在开发新产品"傻瓜相机"时，也是超越常规，和当时的其他相机经营、研制人员反其道而行之，从而大获成功。

当照相机的功能越来越多，让普通人使用起来感到越来越烦琐时，柯达公司反常而思，反常而行，结果创新出适合多数人使用的全自动相机。"傻瓜"使柯达公司发了大财，原因就是在于"反常而行"。相机的功能开始并不复杂，可在人们不断创新中性能越来越好，操作使用也显得越来越烦琐，这对于专业摄影者来说当然无所谓，对普通人来说就不同了。因此，当其他公司还在考虑如何让照相机更加精密时，柯达公司却让相机的使用操作简单得不能再简单——只需轻轻一按便可完成照相过程，就连"傻瓜"也可操作，这便获得了一个革命性的创新成果。

超越常规，反其道而行之，不仅使得柯达公司这样的企业有创新的机会，甚至能使企业起死回生。

东洋人造丝织品公司是日本最大的化纤制品厂家之一，它从美国杜邦公司那里获得了尼龙和涤纶的垄断权，轻而易举地发了横财，被人们称为"纺织阔佬"。

但世间万象瞬息万变，"此一时彼一时"，终于"阔佬"轮上了坏风水——新技术的发展，使化纤品的市场越来越小，以至到了"阔佬"要作出故意损坏机器，以便从政府获取补助金客中事的地步。

好在公司的一个小班长救了公司。当时的纺织业的技术，是将五根线纺成一根，所以一般的从业人员，为了提高产品的质量，都在想办法把这 5 根线弄得粗细均匀，没有人故意将不均匀的线纺到一起，但如果有意识地将粗细不匀的线纺在一起，不就开拓一条新路吗？小班长将这种设想作为一项提案送到公司。

公司的决策人起先不愿接受这位班长这种"完全不合时宜"的想法，但在这位倔强班长的一再坚持下，终于接受了他的想法，并就此向发明向专利局申请了专利权。

正如"阔佬"也会变得没钱花一样，人们的审美趣味也是不断变化的。以往人们追求光滑闪亮的衣服，但不知从何时起，出现了喜欢穿表面粗糙而松软衣服的潮流。要制造这种表面粗糙的面料，必须加入 30% 的像被虫蛀过一样的线，而这种线正是小班长的申请专利。

这一来，东洋人造丝织品公司成了唯一掌握这项技术使用权的公司了，这意味着什么？这当然意味着"阔佬"又可以潇洒了。

这些，都可以给办企业的你以启示，创新并不神秘，反常而行也就是创新，而所谓反其道而行之，就是打破常规，倒行逆施；就是逆向思考，独辟蹊径。有道是"条条道路通罗马"，精明的企业经营者和企划人决不会沿着一条道走到底，认准目标，旱路不通走水路，大路不通走小路。反常而行的结果，往往产生全新的创意，全新的结果

"兵无常势，水无常形。"用兵打仗最讲究一个"奇"字。同样道理，在商业竞争中，企业如果能超越常规，反其道而行之，体现创新的策略，往往能取得良好的效果。

与众不同就会产生创意

两个青年一同开山，一个把石块砸成石子运到路边，卖给建房的人；一个直接把石块运到码头，卖给杭州的花鸟商人。因为这儿的石头总是奇形怪状，他认为卖重量不如卖造型。三年后，他成为村上第一个盖起瓦房的人。

后来，不许开山，只许种树，于是这儿成了果园。每到秋天，漫山遍野的鸭梨招来八方客商，他们把堆积如山的梨子成筐成筐地运往北京和上海，然后再发往韩国和日本。因为这儿的梨子，汁浓肉脆，纯正无比。

就在村上的人为鸭梨带来的小康生活欢呼雀跃时，曾卖过石头的那个果农卖掉果树，开始种柳树。因为他发现，来这儿的客

商不愁挑不到好梨子，只愁买不到盛梨子的筐。五年后，他成为村里第一个在城里买房的人。

再后来，一条铁路从这儿贯穿南北，这儿的人上车后，可以北到北京，南抵九龙。小村对外开放，果农也由单一的卖果开始谈论果品加工及市场开发。就在一些人开始集资办厂的时候，还是那个村民，在他的地头砌了一垛三米高、百米长的墙。这垛墙面向铁路，背依翠柳，两旁是一望无际的万亩梨园。坐车经过这儿的人，在欣赏盛开的梨花时，会突然看到四个大字：可口可乐。据说这是五百里山川中唯一的一个广告，那垛墙的主人凭这垛墙，第一个走出小村，因为每年有 4 万元的额外收入。

20 世纪 80 年代末，日本丰田公司亚洲区代表山田信一来华考察，当他坐火车路过这个小山村时，听到这个故事。他被主人公罕见的商业化头脑所震惊，当即决定下车寻找这个人。

当山田信一找到这个人的时候，他正在自己的店门口与对面的店主吵架，因为他店里的一套西装标价 800 元的时候，同样的西装对面标价 750 元，他标价 750 元的时候，对面就标价 700 元。一个月下来，他仅批发出 8 套西装，而对面却批发出 800 套。

山田信一看到这种情形，非常失望。以为被讲故事的人欺骗了。当他弄清真相之后，立即决定以百万年薪聘请他，因为对面的那个店也是他的。

物质和知识的贫穷并不可怕，可怕的是想象力和创造力的贫穷。致富的捷径来源于想象力和创造力，必须有与众不同的想法，才能有与众不同的收获。

拆掉围挡思考的墙

传统观念和思维习惯常常阻碍人们创造性思维活动的展开，创新就是要冲破框框，从其他的方向追寻创意，寻找解决难题的办法。

索尼公司是全世界著名的电子工业企业之一，建有 70 余家分公司和 3000 个工厂，雇员共达 4 万多人。索尼的电子产品畅销世界，每年的营业额约为 40 亿美元，已发展成为庞大的跨国企业。所有这一切，都是索尼公司重视发展新技术、研制开发新产品的决策的成果。

1946 年仅靠 500 美元资金起家的"东京通信工业公司"是索尼公司的前身。由于资金困难，起初只是专门修理收音机，并以优质的服务而赢得了顾客的信任，生意不错，公司有了一点儿积累。这时，公司的领导人井深大就开始组织技术人员研制开发新产品。他们研制出的第一种新产品是一种真空电压表，很快就以优异的质量打开了销路。随后，他们自行开发研制的电位器和广播控制装置也很快在市场上获得了成功。短时间内不断成功的新产品，使生产规模不断扩大，积累了相当的资金。索尼公司并未以此为满足，而是继续坚持重视科学技术、开发新产品的决策，推动公司的发展。

1949 年的一天，井深大在日本广播协会的办公室看到一部美国制造的磁带录音机。这在当时的日本不仅一般人未曾见过，就连技术人员也只有过耳闻。索尼公司意识到，这种新产品在日本将有广阔的市场潜力。他们马上就购买了磁带录音机的生产专利。生产中最大的困难是制造录音磁带。技术先进的德国和美国早已先后成功地生产出录音磁带，而在当时的日本不能生产，而且根据当时日本政府关于进口的严格规定还不能进口。

在这种情况下，索尼公司决定依靠自己的力量克服困难，解决制造磁带的问题。他们抓紧时间反复试验，终于成功地制造出了磁粉，尔后又富有独创性地用纸代替塑料，制造纸基录音磁带。这种纸基录音磁带在强度上虽比塑料磁带差，但也完全符合使用要求。

经过一年的艰苦努力，索尼公司终于把自己制造的第一台磁带录音机，即索尼公司第一个电子新产品推到了市场上。

但是，由于这台录音机体积大、价格高，重量达 70 余斤，所以在市场上几乎无人问津。显然，问题主要在录音机体积过大和价格昂贵。要在市场上打开销路必须解决上述问题。公司把精选的技术骨干集中攻关，经过 10 个月的努力，他们终于制造出了一种价格降低一半以上，一般人都可以提着走的轻便录音机，并打开了市场，使录音机成为日本的一种普及商品，使公司获得了可观的利润。1952 年，美国人发明晶体管的消息传到索尼公司，立即引起了强烈的反响。他们清醒地认识到，这将是在电子工业领域引起一场革命的重大发明。为了立足于科技发展的前沿，索尼公司立即派人飞赴美国，对晶体管做详细深入调查。根据所掌握的情况，索尼公司紧紧抓住这一时机，提出了运用晶体管技术设计制造小型袖珍收音机的宏伟设想。他们先以 2.5 万美元购买了制造晶体管技术的专利，但运用这个专利生产的晶体管只能用于低频放大，不能完全满足制造小型收音机的需要。

为此，索尼公司又集中力量攻关。仅几个月的时间，就设计制造出符合要求的各种性能的晶体管。索尼公司乘胜前进，全力以赴投入研制小型袖珍收音机的工作。经过努力，完全解决了收音机中与晶体管配套的各种元器件的小型化，成功地研制出世界第一台袖珍晶体管收音机，这比日本其他企业提前了 2 年。小巧玲珑的袖珍收音机人见人爱，第一批 200 万部一投入市场很快被争购一空。

日本国内市场的畅销形势鼓舞了索尼公司的士气，增强了他们开拓世界市场的信心。1960 年，索尼公司独家投资在美国开设了分公司——美国索尼公司。随后，索尼公司又逐步打入世界其他国家的市场。

索尼公司重视发展科技、研制开发新产品的决策，结出了累累硕果。袖珍晶体管和收音机研制开发成功后，他们又相继开发和改进了大量具有独创性的新产品，如袖珍立体声耳机收录机、微型电视机、单枪单束彩色显像管、小型录像机，等等。他们重视产品质量，在消费者心中建立了很高的信誉，在激烈的市场竞争中立于不败之地，使索尼公司发展成为年营业额数十亿美元的巨大跨国公司。

在我们的工作和生活中，传统观念和思维习惯常常阻碍着我们的创造性思维活动的展开，所以说，我们要想有创意，就应该拥有自己的思考方式，拆掉自己思维的墙。

不要小看"看似荒谬的想法"

这里所说的"看似荒谬的想法"，指的是一些伟人大胆提出的假说，创意者可以用他们独特的创意意识和丰富的知识积累再对这些假说进行发明创意。

恩格斯曾指出：只要自然科学在思维着，它的发展形式就是假说。一个新的事实就被观察到了，它使得过去用来说明和它同类的事实的方式不中用了，从这一瞬间起，就需要新的说明方式了——它最初仅仅以有限数量的事实和观察为基础。进一步地观察材料会使这些假说纯化，取消一些，修正一些，直到最后纯粹地构成定律。如果要等待构成定律的材料纯粹化起来，那么这就是在此以前要把运用思维的研究停下来，而定律也就永远不会出现。对各种相互联系作系统了解的需要，总是一再迫使我们不得不在最后终极的真理周围营造丰收茂盛的"假说"之林。

恩格斯的这段话论述得十分精辟，在大多数情况下，创意都是以科学假说为先导的。

创意不是一瞬间的活动，而是一个过程，要求创意者把全部所需资料收集齐后再去作出发现，是不切实际的，他们需要提出假说指导下一步的工作，以加速发现过程。正像一个在陌生大地上旅行的人一样，不是等待有关这块土地的信息收集齐后再出发，而是先设想某一条道路可能会达到目的地，然后边走边观察边打听，逐步校正自己的方向和道路，创意者正是借助假说充分发挥他们的创意，从而走上成功之路的。

　　1543 年，波兰伟大的天文学家哥白尼发表了《天体运行论》，经过 40 年的探索和观测，终于创立了以太阳为中心的宇宙学，向"地心说"提出挑战，向科学的宇宙体系迈出了十分艰巨而又最为关键的一步。由于宇宙的复杂性和当时科技水平的局限性，这种理论体系是一种假说，那么，这个假说是如何产生的呢？应当承认，哥白尼提出这种新的宇宙学假说不是偶然。当时的托勒密"地心说"与天文观测事实相矛盾，应用"地心说"不能准确测定地球上的方位，而无法满足历法的需要。此外，哥白尼还受到以意大利为中心的文艺复兴运动的启迪，敢于正视旧体系遇到的困难，继承了来自古希腊的哲学和各种不用于"地心说"的宇宙学模型，这是他的假说形成的社会背景和思想基础。

　　哥白尼的宇宙学说经过后来的伽利略、开普勒、牛顿等人一系列的逻辑论证和实践检验，已建立在坚实的物理学基础之上，尤其是 1821 年法国学者布瓦尔德发现了天王星的实际运行轨道，有偏离理论计算的椭圆轨道的现象，这样天王星轨道的摄动就构成了检验"日心说"的一个最关键的步骤，而在伽勒根据法国青年勒维烈的提示发现了海王星之后，天王星轨道的摄动现象才得到解释，哥白尼的学说才成为人们公认的科学理论。正如恩格斯评价说："哥白尼太阳系学说有 300 年之久，一直是一种假说，这个假说尽管有百分之九十九、百分之九十九点九、百分之九十九点九九的可靠性，但毕竟是一种假说；而当勒维烈从这个太阳系学说所提供的数据，不仅推算出一定还存在一个尚未知道的行星，而后来伽勒确定出现了这个行星的时候，哥白尼的学说就被证明了。"

由此可见，假说不仅是一种认识，具有知识形态，而且更是一种研究方法，可以用于科学创意的任何一个阶段，假说是根据一定的科学事实和科学理论，对研究的问题所提出的假定性的看法和说明。大部分假说来源于理论与实践的矛盾，随着人们实践活动的发展，一些新的事物被发现，而旧的理论不能解释它们了，于是产生一种新的猜测性的说明——假说，如我们前面举到的"日心说"。此外，X射线、放射线、电子的发现与原子不可分的学说发生冲突，于是产生了各种原子结构的假说。有的假说是为了直接解决理论自身的矛盾或对新的事物矛盾的假定性说明，比如哈恩否定费米的假设而提出自己的假说的过程。当时由于意大利物理学家费米的推断失误，匆忙宣布发现了超铀元素，成为科学史上的一个大失误。后来，德国化学家哈恩通过正确的推断，提出了大胆的假说：最重的一些元素吸引中子之后直接分裂成为两个差不多对等的部分，从而产生了一些位于元素周期表中间的元素，最终他发现了裂变反应，推翻了费米的假设，获得了1944年的诺贝尔化学奖。

　　假说通常有两个特征：一是具有一定的科学依据，任何假说都以一定的事实或理论作为根据，解释与它有关的事物和现象，而避免与它引为根据的已有理论的矛盾。比较而言，事实更为重要，因为理论要服从事实，假说必须能解释事实，比如哥白尼的"日心说"是在前人的理论和自己发现的事实基础上提出的，哈恩的也是如此；二是假说还具有一定的猜测性和假定性，它虽然以科学为依据，但在研究问题时，根据常常不足，资料也不完备，对问题的看法只是一种猜测，所以任何假说都常有猜测性和假定性成分。同时对同一问题，会有不同的假说，但这些假说都要制约于反映客观情况的真实程度。

　　所以，假说在科学研究中有重要的作用，看似荒谬的想法也是发挥创意思维能动性的有效环节，而且不同看法的争论由于科学研究的深入而发展，它凝结了一代甚至几代人的劳动。离开假说，创意活动受限，科学不可能取得进步。

第 *8* 章

玩的就是敢于冒险，绝处逢生

　　创意就是要独树一帜、与众不同、别出心裁、不落俗套。可要想做到这些，就需要敢于冒险、善于冒险。

坚持让创意保有生机

先看下面一则故事:

一位 65 岁的上校退役后身无分文,他拿到第一笔 105 美元的救济金时,很沮丧,但不愿向命运低头。他想到自己有一份炸鸡秘方,可以卖给餐馆。整整两年,他被拒绝了 1009 次之后,终于听到了第一声"同意"。这个执着的老人叫哈兰·山德士,就是肯德基的创始人。

还有这样一个故事,是关于医学科学家乔纳斯·索尔克博士的。有一次,人们问他:"你取得了如此卓越的成就,彻底结束了脊髓灰质炎(俗称小儿麻痹症)对人类的肆虐,你又是怎么看待先前的 200 次失败的实验呢?"索尔克博士这样回答:"我这一生中从来没有经历过 200 次失败,我们家的字典上没有'失败'这个词。前 200 次的尝试增加了我的经验,让我学到很多东西。实际上是我做了 201 次发现。没有前 200 次的学习,我不可能得到这样的结果。"

这个故事让人想起了一个心理学的实验。在这个实验中,有一批狗在一个很简单的任务上都失败了，那么在狗的"字典"上是怎么出现"失败"这个词的呢？

实验中，有一个很大的笼子，底是铁做的，笼子中间有一个铁栅栏，把笼子分为两半。把狗放进笼子的一边，在笼子底下通电，狗就受到电击，会有尖锐急剧的刺痛。一些狗受到电击后会很快地跳到笼子的另外一边去，从而躲避了电击。在另一边受到电击时，这些狗又会很轻松地跳回来，到没有通电的一边去。这个任务是很简单的，随着通电部位的变化，狗就在这个箱子中间跳来跳去，穿梭跳动以躲避电击。这个箱子被形象地称为"穿梭箱"。但是，有另外一批同样的狗，它们在穿梭箱中受到电击时不做任何跳跃和挣扎的动作，只会浑身发抖、低声哀鸣，显出一副失败的可怜样。为什么这些狗会表现出这种任人宰割的惨相呢？

原来，心理学家把这些狗装进穿梭箱前，对它们进行了如下的操作：把这些狗拴在一个铁柱子上，时不时地用电刺激它们。这些狗受到电击后会挣扎、跳跃、咆哮，但是无论它们怎样挣扎都摆脱不了电击的折磨。经过几天数十次的电击和无效的挣扎后，这些狗都放弃了努力，在受到电击时，只是趴在地上，瑟瑟发抖，低声哀鸣，再也不挣扎了。这时，再把这些狗放进穿梭箱中，对这种轻轻一跃就能摆脱的电击刺痛，它们认了。失败的狗挣脱不了柱子,就以为跳不过栅栏,犯了"逻辑错误",没有进一步"调查研究"。

挖井的人,在预计有水的深度每往下再挖一锹,如果仍然见不到水,对他就是一个打击。经过数百数千次这样的打击,他就会自认倒霉,认为自己选错了地方,"看走了眼",骂骂咧咧地到别的地方去了,结果另外一个人在前人放弃的地方,可能又往下再挖几尺就喝上了甘甜的井水;满心希望讨老师喜欢的差生,由于自己基础差,不管怎样努力也得不到老师的好脸色,结果他就可能破罐破摔,放弃了努力,甚至走上了与老师对立的道路;不善交往的腼腆的人,在跟人接触的时候,老是冷场,感到不自在、不快乐,结果认了"命",过起孤独的生活,开始回避所有的人……类似的事情,不胜枚举。它们都有一个共同点,那就是事件的主人都觉得自己无能为力,于是灰心丧气,认为不得不放弃了,一句话,他们觉得自己在这件事情上失败了。

但是,失败是一所最能磨炼人的大学,从失败中学到的东西更为可贵。我们应当从每一次失败中汲取营养,珍惜每一次教训和经验,不断地完善自己和超越自我,勇于攀登,坚持无畏。同样的道理,我们拥有了创意,就必须坚持。

有时，顺着"缺点"思考

大千世界，无论是日月星辰、风火雷电，还是金银铜铁、草木砖石，从宏观世界到微观世界的每一项研究对象，不论人们把它想象得如何完善，客观上它都存在着缺点。关键要善于利用某些缺点，做到"变害为利"。

缺点逆用法是在列举事物缺点的基础上，从缺点的有用性、启发性出发，通过发散思维，巧妙地利用事物存在的缺点及其产生的原因，产生创意的创造性思维方法。也有人管这种方法叫"以毒攻毒法"。

1974 年一个星期天的上午，阿瑟·弗赖伊又准时来到教堂的唱诗班唱歌。唱诗班的歌声乍起，弗赖伊急忙拿出唱本，寻找今天所要学唱的那首歌。这位讲究效率的化学家，为了在唱诗时能尽快找到指定的圣歌，就在唱本中央夹了一张小纸条做记号。但不知怎么回事，今天唱本中的小纸条不见了。

弗赖伊急匆匆地翻找指定的圣歌。越是着急，越是难找，他感到有点狼狈。

154

在回家的路上,弗赖伊一边埋怨自己粗心大意丢失了做记号的纸条,一边冒出一个念头:要是有一个能固定在原处不易失落的书签该多好!

有了这个念头,弗赖伊果真动起脑子来。开始,他想到模仿贴邮票:邮票背面涂有胶,用舌头一舔就能贴在信封上,但仔细一推敲就觉得这种方法用在书签上不行,因为一粘上书页就揭不下来了。后来,他又想起贴伤口的胶布,再一想也觉得不妥,因为用胶布贴上后再揭下来,书上会留下难看的痕迹。

他一时找不到能贴能揭的好办法。

有一天,他听朋友说起明尼苏达矿业公司的斯彭恩·西尔弗正在研制一种强力黏结剂,可是研制的新东西有一个明显的缺点,即它只在一段时间内粘得住,过不了多久黏性就减弱,变得毫无用处。西尔弗正为克服这个缺点加紧研究。

真是天赐良机,弗赖伊马上想到西尔弗发明的黏结剂的缺点正是自己想象中的方便揭贴纸所需要的特性。

于是,弗赖伊在别人"失败"的基础上获得了自己的成功。尤为可贵的是,富有商业头脑的弗赖伊并不满足自己发明的书签在唱诗班上让人称赞,他想到了这种方便揭贴纸广泛的商业用途:印作产品商标、剪制商店橱窗文字广告、封贴包装纸箱,等等。

果然，弗赖伊发明的方便揭贴纸（现在叫作"不干胶纸"）很快成为畅销商品。昔日寒酸的化学家一跃成为显赫的百万富翁。

利用这种方法取得巨大成功在当代中国也不乏其例。

20世纪40年代半导体三极管出现后，电子学发生一场深刻变革，但同时也留下一个令人头痛的问题，即晶体管的特性会随着温度的变化而变化，严重影响测量仪器和控制系统的正常工作。电子学研究者为矫正此缺陷颇费心思。然而，我国发明家张开逊巧用缺陷，利用晶体管物理特性随温度变化而波动的规律去测定温度，结果发明出"PN结温度传感器"，并成为获得日内瓦发明大奖的第一个东方人。

世界上的事物都有优点和缺点，从不同的角度来看，缺点也有可能是优点，从自己的缺点出发，开拓自己的思维，或许，创意就这么来了；或许，成功也就离你不远了！

让不可能变成可能

在我们的生活中存在着这样一种现象：越是一般人认为不可能的事情，其实越有可能做到。大家认为不可能的事情，就会谁也不去关注，谁也不去攻击，谁也不去设防。不可能实现的事情就没有竞争对手，你正好可以独自一人乘虚而入。军事上"不可能"成为"可能"的战役屡屡发生，商家应从中有所顿悟。

1939 年 9 月 1 日拂晓，德国军队经过精心准备后突袭波兰。波兰军队仓皇应战，虽有一定的抵抗能力，但准备不足，兵败如山倒。9 月 3 日，英法两国对德宣战，"第二次世界大战"从此爆发。

法国并非波兰，法国兵力强大，拥有二三百万大军和先进的武器装备，国内的经济实力也不比德国差，特别是法国还拥有一条坚不可摧的马其诺防线。为了防备德国进攻，法国早在 10 年前就以精兵构筑了防线，从瑞士到比利时之间的东部国境的防御体系一直修筑了 6 年。法国当时是欧洲最大的陆军强国。

1940 年，德军绕过这条固若金汤的防线攻入法国，德国装甲师选择的一条道路，正是法国将军们认为不可能被坦克所穿过的地带，因此防线失去作用。结果，一个月后法军溃败。

这种"不可能"成为"可能"的战役还有很多。在第二次世界大战中，盟军选择的登陆及向德军反攻的地点是诺曼底，那里的海浪及岩石海岸使德军认为，任何规模的登陆都不可能选择在这样恶劣的地点进行。

在史称"布匿战争"之中，迦太基的统帅汉尼拔率军越过山高坡陡、道路崎岖、气候恶劣、终年积雪的阿尔卑斯山，这条道路是一条被认为不可能穿过的路径。罗马人做梦也想不到汉尼拔如此神速地出现在面前，防不胜防。

大多数人认为，不可能做到的事肯定是件十分困难，甚至是难以想象的事。因为太难，所以畏难；因为畏难，所以无人问津；不但自己不问津，认为别人也做不到。其实，只要是符合科学规律，世上没有什么不可能办到的事，只是个时间早晚的问题而已。客观上没有"不可能"，并不等于主观上没有"不可能"。如果主观上认为"不可能"，那就真的不可能了；主观上认为"可能"，那么，任何暂时的"不可能"终究会变成"可能"。人类的创造力使不可能变成可能，而一种可能性的诞生又会带来诸多新的不可能，以此更迭，人类一步步地从过去走向未来，从不可能走向可能。

许多事情看似不可能，其实是被常规思维所束缚，打破了常规思维，许多不可能就会变为可能。

例如，水的声音可以卖钱看起来毫无可能，但是美国有个名叫费涅克的人，四处周游，灵机一动，用立体声录下了许多小溪、小河、小瀑布的"潺潺之声"，复制后高价销售，"买水声"者居然络绎不绝。德国一家酒店抓了不少青蛙，这种青蛙发出的有韵律的叫声，被誉为大自然的美妙乐章。店主灵机一动，便推出一台"青蛙音乐晚会",每位交 150 美元就可以享受五个晚上的青蛙"乐章",获利甚丰。水声、蛙声对某些人来说不可能赚钱,有人却可以大赚其钱。

许多事情看似不可能,其实是被惰性所束缚,打破了惰性,真刀实枪地干起来,许多不可能就会变成可能。

新加坡有个大型海鲜企业,它的广告牌只有一句话:海里游的这儿都有。大到鲸鱼身上的每一可食部位,小到显微镜下才能看清的富有营养的浮游生物,应有尽有。至于龙虾、鲍鱼、梅花参等更是常品,随时可以买到。广告牌所说的似乎不太可能。

怎样才能使不可能变为可能呢?那就是去除惰性,不惜重金,不吝时间与精力地到世界各渔业公司组织货源。一次,一位客人要吃新加坡的活壳鱼,海鲜公司闻讯立即行动,派人用特殊渔网到特定海域打捞,渔网出水前一刹那,用特殊吸管连鱼带水一起装入一特殊容器,专车送到机场,等待的专机立即起飞。在飞机上,还要保证适当温度的海水、适量的氧气供应。到达目的地后,又有专车抢运,保证客人得以尝鲜。

许多事情看似不可能,其实是被胆怯所束缚,打破了胆怯,许多不可能就会变成可能。

一个成功者的一生,必定是一个与风险拼搏的一生,除非不干事业,干事业则必有风险。松下幸之助发迹之前是一个一贫如洗的学徒，他不屈服于命运，将小小的客厅改为作坊，把积攒的全部家当——97美元全部用来制造电器插座。几次试验的失败，竟把老本全部用光。松下又把结婚时购置的衣物送入当铺，终于渡过难关，发明出第一项新产品——双插座接合器，从此走出了成功之路的第一步。如果松下当初胆怯了，不敢冒倾家荡产之险，就不可能有20年以后的松下公司。

变不可能为可能必须要承担风险、拼搏人生。大多数人认为不可能实现的事情，你努力去做，反而成功的可能性更大。从创新的角度看，你的工作风险较大；从竞争的角度看，你的工作风险反而较小，因为无人与你竞争。在发明创造和市场营销中经常发挥作用的正是在上述各案例中起作用的因素——未预料性。所以，大多数人认为不可能的事，你不妨试试。

不可能的事情，往往最有可能实现。所以说，好的创意，在于我们要敢于去思考。

让冷静的思维活跃起来

动态思维是一种运动的、调整性的、不断优化的思维活动。具体地讲，它是根据不断变化的环境、条件来改变自己的思维程序、思维方法,对事物进行调整、控制,从而达到优化的思维目标。

1956年2月,日本索尼公司的副总裁盛田昭夫又踏上了美利坚的土地。这是他第100次横跨太平洋,寻找产品的销路。

纽约的初春,寒风刺骨,蒙蒙细雨夹着朵朵雪花,大街上的行人十分稀少。

身材矮小的盛田昭夫带着小型的晶体管收音机,顶着凛冽的寒风,穿街走巷,登门拜访那些可能与索尼公司合作的零售商。

然而,当那些零售商见到这小小的收音机时,既感到十分有趣,又感到迷惘不解。他们说:"你们为什么要生产这种小玩意儿?我们美国人的住房特点是房子大、房间多,他们需要的是造型美、音响好,可以做房间摆设的大收音机。这小玩意儿恐怕不会有多少人想要的。"

盛田昭夫并不因此气馁,他坚信这种耗费了无数心血而研究制成的小型晶体管收音机一定会被美国人所接受。

事情总是这样,多余的解释往往不如试验中发现的道理。小巧玲珑、携带方便、选台自由、不打扰人,正是小型晶体管收音机的优点。很快地,这种"小宝贝"已被美国人所接受。

小型晶体管收音机的销路迅速地打开了。

有一家叫宝路华的公司表示乐意经销,一下子就订了10万台，但附有一个条件，就是把索尼更换为宝路华牌子。盛田昭夫拒绝了这桩大生意，他认为绝不能因有大钱可赚而埋没索尼的牌子。

宝路华的经理对此大惑不解："市场没有听过你们的名字，而我们公司的产品是50年的著名牌号，为什么不借用我们的优势?"

盛田昭夫理直气壮地告诉他："50年前，你们的名字和今天的我们一样名不见经传。我向你保证，50年后我的公司一定会像你们公司的今天一样著名!"

不久，盛田昭夫又遇上了一位经销商，这个拥有151个联号商店的买主说，他非常喜欢这个晶体管收音机，他让盛田给他一份数量从5千、1万、3万、5万到10万台收音机的报价单。

这是一桩多么诱人的买卖啊!盛日昭夫不由得心花怒放，他告诉对方，请允许给一天的时间考虑。

回到旅馆后，盛田昭夫刚才的兴奋逐渐被谨慎的思考取代了，他开始感到事情并非这么简单。

一般来说，订单数额越大当然就越有钱可赚，所以价格就要依次下降。可是眼前索尼公司的月生产能力只有1000台，接受10万台的订单靠现有的老设备来完成，难于上青天。这样就非得新建厂房，扩充设备，雇用和培训更多的工人不可，这就意味着要进行大量的投资,也是一次危险的赌博。因为万一来年得不到同样数额的订单,这引进的设备就会闲置,还要解雇大量的人员,将会使公司陷入困境,最后可能破产。

夜深了,盛田昭夫仍在继续苦思良策,他反复设想着接受这笔订货可能产生的后果,测算着价格和订货量之间的关系。他要在天亮之前想出一个既不失去这桩生意,又不使公司冒险的两全其美的妙计。

他在纸上不停地计算着、比画着,忽然他随手画出一条"U"字形曲线。望着这条曲线,他的脑海里如闪电般出现了灵感——如果以5千台的订货量作为起点,那么1万台将在曲线最低点,此时价格随着曲线的下滑而降低,过最低点,也就是超过1万台,价格将顺着曲线的上升而回升。5万台的单价超过5千台的单价钱,10万台那就不用说了,差价显然是更大了。

按照这个规律,他飞快地拟出一份报价单。

第二天,盛田昭夫早早地来到那家经销公司,将报价单交给了经销商,并笑着说:"我们公司与众不同,我们的价格先是随着订数而降低,然后它又随订数而上涨。就是说,给你们的优惠折扣,1万台内订数越高,折扣越大,超过1万台,折扣将随着数量的增加而越来越少。"

经销商看着手中的报价单,听着他怪异的言论,眨巴着眼。

他感到莫名其妙，他觉得似乎被这位日本人玩弄，他竭力控制住自己的情绪说："盛田先生，我做了快 30 年的经销商，从没有见过像你这样的人，我买的数量越大，价格越高。这太不合理了。"

盛田昭夫耐心地向客商解释他制订这份报价单的理由，客商听着听着，终于明白了。

他会心地笑了笑，很快地和盛田昭夫签署了一份 1 万台小型晶体管收音机的订购合同，这个数字对双方来说无疑都是合适的。

就这样，盛田昭夫用一条妙计就使索尼公司摆脱了一场危险的赌博。

动态思维是一种运动的、调整性的、不断择优化的思维活动。具体地讲，它是根据不断变化的环境、条件来改变自己的思维程序、思维方向，对事物进行调整、控制，从而达到优化的思维目标。对于解决问题而言，这是非常好的思维方法，让自己的思维活起来，那么问题就不愁解决不了了。

谁说白日梦就一定不能实现

都说白日梦不能实现，但是我们发现生活中很多白日梦都实现了。为什么会出现这种反差？原因在于说白日梦不能实现的人往往是凭借自己已有的经验，而这些经验很多时候都是错的。与此同时，能做白日梦的人，他们既然敢做梦，就一定有勇气去实践他。我们在嘲笑别人做白日梦的时候，不知道扼杀了多少天才的想法。做事死脑筋的人往往太脚踏实地，过于注重自己的经验，他们没有持续的想象空间，因此也很难获得大的成功。

戴尔还只是个小学生的时候，有一次他无意中看到报纸上有一则广告："只要通过本考试中心的一个测试，您就能直接获得高中毕业证书。"小戴尔真是欣喜若狂，心想这可是天大的好事，如果省掉那些烦人的课程、傲慢的老师和无休止的考试，就能直接高中毕业，岂不快哉？想到这儿，戴尔几乎笑不拢嘴，马上兴冲冲地拨打了广告中的电话。

考试中心的人果然服务上门了。可等看到接待他们的"客户"居然只是个小毛孩儿时，不禁哭笑不得。

但从此，一个大胆的设想开始在小戴尔心中生根发芽，那就是：为什么不尽可能省掉一些看起来天经地义的中间环节，直接一步到位呢？这并不是痴人说梦，因为凭借着这个念头，戴尔在仅仅 18 岁时就创造了神话般的直销奇迹，并创立了一种划时代的经营模式。

我们欣赏能够做白日梦的人，正是因为他们的白日梦，让很多生活的常态和惯性被打破，于是人们有了改变生活的持续行动，于是我们的生活过得越来越美好。我们自己也必须是一个能做白日梦的人，我们不是要让自己变得神神叨叨，而是有想象的空间。很多时候，我们陷入困境，就是因为我们缺少想象的空间。

其实能做白日梦的人有一种最可贵的品质，那就是不循常规。人类很多伟大的发明都是这一品质的产物。虽然做白日梦的人很多时候不被我们理解，但是这种不循常规的精神确实值得我们学习。

我们要学会有持续的想象空间，要大胆地去想，哪怕被别人嘲笑为做白日梦，那又有什么关系呢？

通过切身利益来刺激创新

我们要激励别人和我们一起努力，我们就要学会把自己的事业和别人的利益捆绑在一起。只有事业成为了大家共同的事业和需求，我们的事业才能够持续获得成功。我们要善于激励人们从事创造性的活动，尤其是事业进展之初，我们必须设定一种机制，让别人不仅仅是执行，而懂得创造。做事死脑筋的人往往只懂得执行，不懂得创造。其根本在于他们不懂得如何产生出一种创造的机制。

这是发生在第二次世界大战中期的一个真实故事。在战争中扮演了重要角色的美国空军，为了降落伞的安全性问题与降落伞制造商发生了一段纠纷。当时降落伞的安全性能不够，合格率较低。厂商采取了种种措施，使合格率提升到99.9%，但军方要求产品的合格率必须达到100%。厂商认为这是天方夜谭，他们一再强调，任何产品也不可能达到100%合格，除非奇迹出现。99.9%的合格率已经相当优秀了，没有必要再改进。

99.9%的合格率乍看很不错，但对于军方来说，这就意味着每一千个伞兵中，会有一个人的降落伞不合格，他就可能因此在跳伞中送命。后来军方改变了检查产品质量的方法，决定从厂商上周交货的降落伞中随机挑出一个，让厂商负责人装备上身后，亲自从飞机上跳下。这个方法实施后，奇迹出现了：不合格率立刻变成了零。

我们要通过和别人切身利益密切相关来刺激别人产生新的创意，不把事业和别人利益紧密相连的人，很多时候都无法得到别人的真心帮助。我们想成就一番成功的事业，我们首先应该考虑如何让与我们同行的人获得成功，这是至关重要的。

在成就事业的过程中，我们要让同行的人明白，他们所做的一切不仅是为了事业本身，而且也是为了他们自己。每一个人都是在为自己建造房子，每一天的努力都是在为这个房子添砖加瓦，所以磨洋工磨掉的是自己的青春，弄虚作假最后欺骗的也一定是自己。

我们要通过设立一种机制，让人们的切身利益和事业紧密相连，以激励他们持续努力。

守旧无异于等死

一个人因循守旧无异于等死。没有创新的力量和行动，我们永远都不会进步，我们永远都固守着我们所谓的梦想。一个人赖活着，只要不是运气太差，怎么样都能活下去。但是如果我们想成就一份事业，我们想真正有所作为，我们就一定不能因循守旧。因为任何事业都有它的存在价值，而任何存在价值都是在不断的变化中。做事死脑筋的人往往习惯于守旧，结果最后把自己守得一日不如一日。

在夏日枯旱的非洲大陆上，一群饥渴的鳄鱼陷身在水源快要断绝的池塘中。较强壮的鳄鱼开始追捕同类来吃。物竞天择、适者生存的一幕幕正在上演。

这时，一只瘦弱勇敢的小鳄鱼却起身离开了快要干涸的水塘，迈向未知的大地。

干旱持续着，池塘中的水越来越浑浊、稀少，最强壮的鳄鱼已经吃掉了不少同类，剩下的鳄鱼看来是难逃被吞食的命运。这时不见有别的鳄鱼离开。在它们看来，栖身在混水中等待被吃掉的命运，似乎总比离开、走向完全不知水源在何处更安全些。

池塘终于完全干涸了，唯一剩下的大鳄鱼也难耐饥渴而死去，它到死还守着它残暴的王国。

可是，那只勇敢离开的小鳄鱼，在经过长途跋涉，幸运的它竟然没死在半途上，而在干旱的大地上找到了一处水草丰美的绿洲。

很多人都是在看到前面无路可走的时候，才想到要去改变。为什么我们不能在还有路的时候就改变呢？这样我们永远都不会走到无路可走的地步。事实上，当一个人真的走到无路可走的地步的时候，他已经丧失了改变的勇气和智慧。

我们永远都不要到那种境地，我们要通过自己的努力不断地改变自己，不断地让自己更加适应。要确保自己前面永远有路，我们就必须确定自己始终走在前列，因为整个社会都实行末位淘汰，那些穷途末路的人往往是被淘汰掉了。

学会改变，不要到穷途末路的时候才想到绝地反击，我们要保有活跃的思维，要有不断改变自己、促使自己不断适应的勇气和行动。

不要盲目地跟着别人

我们做事业就应当有自己的想象空间和行动空间，不能总是盲目地跟着别人。一项事业之所以伟大，它的开创性是必要条件。我们要懂得开创新型的劳动，让我们的事业产生恢弘的意义。做事死脑筋的人往往会跟随着别人的行动，好像这样风险最低。实际上这样风险不但没有降低，而且越来越高，原因是习惯于跟随的人永远适应不了环境。

1910 年，德国习性学家海因罗特在实验过程中发现一个十分有趣的现象：刚刚破壳而出的小鹅，会本能地跟在它第一眼看到的自己的母亲后边。但是，如果它第一眼看到的不是自己的母亲，而是其他活动物体，它也会自动地跟随其后。

尤为重要的是，一旦小鹅形成对某个物体的追随反应，它就不可能再对其他物体形成追随反应。用专业术语来说，这种追随反应的形成是不可逆的，而用通俗的语言来说，它只承认第一，无视第二。

这种后来被另一位德国习性学家洛伦兹称为"印刻效应"的现象不仅存在于低等动物里，而且同样存在于人类之中。人类对最初接收的信息和最初接触的人都留有深刻的印象，他们用"首因效应"等概念来表示人类在接受信息时的这种特征。

我们要做事业就必须有创见和创意，我们甚至要成为第一个创造的人，通过第一个创造，我们树立事业的高度。而要做到这一点，我们一定要有独立思考的勇气和智慧。

很多人都缺少独立思考的能力，他们往往习惯于盲从，最后他们很难获得成功。他们的生命就像别人事业的跟随，也不能拥有更大的意义。我们为什么要做一个盲从的人呢？为什么我们不能超越呢？

在今天信息爆炸的时代，更需要我们有独立思考的精神，我们要善于独立思考，要有独立的意志。我们不要被海量的信息冲昏了头脑，然后跟随着一个所谓的成功者走了一条不归路。我们做人只能成为自己，不可能成为别人；我们做事业也理所当然也只能成为自己的事业，而不会成为别人的事业。既然如此，我们能盲从吗？

抛弃盲从，要勇敢地去独立思考，要不断培养独立思考的智慧。

有长远的眼光，还要扛得住嘲笑

做事情考虑长远的人，往往因为事情不被人理解，而遭人嘲笑。在这种时候，我们一定要扛得住，我们不是活在别人的眼光中，我们是为了将来的事业。做事死脑筋的人往往扛不住别人的嘲笑，然后改变了自己。

第二次世界大战的硝烟刚刚散尽时，以美英法为首的战胜国们几经磋商后决定在美国纽约成立一个协调处理世界事务的联合国。一切准备就绪之后，大家蓦然发现，这个全球至高无上、最权威的世界性组织，竟找不到自己的立足之地。

买一块地皮吧，刚刚成立的联合国机构还身无分文。让世界各国筹资吧，牌子刚刚挂起，就要向世界各国搞经济摊派，负面影响太大。况且刚刚经历了第二次世界大战的浩劫，各国政府都财库空虚，甚至许多国家都是财政赤字居高不下，在寸金寸土的纽约筹资买下一块地皮，并不是一件容易的事情。联合国对此一筹莫展。

听到这一消息后，美国著名的家族财团洛克菲勒家族经商议,便马上果断出资870万美元,在纽约买下一块地皮,将这块地皮无条件地赠予了这个刚刚挂牌的国际性组织——联合国。

同时,洛克菲勒家族亦将毗邻这块地皮的大面积地皮全部买下。

对洛克菲勒家族的这一出人意料之举,当时许多美国大财团都吃惊不已,870万美元,对于战后经济萎靡的美国和全世界,都是一笔不小的数目呀,而洛克菲勒家族却将它拱手赠出了,并且什么条件也没有。

这条消息传出后,美国许多财团主和地产商都纷纷嘲笑说:"这简直是蠢人之举。"并纷纷断言:"这样经营不要10年,著名的洛克菲勒家族财团,便会沦落为著名的洛克菲勒家族贫民集团。"

但出人意料的是,联合国大楼刚刚建成完工,毗邻它四周的地价便立刻飙升起来,相当于捐赠款数十倍、近百倍的巨额财富源源不尽地涌进了洛克菲勒家族财团。这种结局,令那些曾经讥讽和嘲笑过洛克菲勒家族之举的财团和商人们目瞪口呆。

先予后取,这是一个极具创意的长远策略。这个故事启示我们,要有长远的眼光,还要有扛得住别人嘲笑的勇气。

第9章

拼的就是智商和情商

众多富豪们借鸡生蛋、借壳上市、借船出海，都是出色创意的实践，每一次，自己的财富都扩大数倍。所以，真正的策划人，都是善于"四两拨千斤"，以"创意"取天下的。

学会了"借"，问题迎刃而解

在日常生活中，人们对"借"并不陌生，平时身边缺物少钱，往往向左邻右舍借取，向亲朋好友求助。但一般人对"借"的理解只停留在日常生活中的互通有无上，"借"的范围局限在钱物使用上。

其实，"借"的范围是非常广阔的，《现代汉语词典》关于"借"字就收有如下词条：借鉴、借用、借助、借重、借光、借贷、借口、借花献佛、借题发挥、借风使舵……

"借"，不应仅限于它的狭义。就是说，不仅有钱物意义上的借，也有借助意义上的借，所有人类对于外在事物的利用，都包含在我们"借"的概念之中，就是说，为了发展事业和更好地生活，我们不仅要借钱借物，还要借智借力，借机借路，借局借势，借手借心，借地借天，使天地万物无不成为借助的对象。

在这个意义上，"借"不仅仅体现了人对世界事物利用的一种广度，还体现了人对事物把握的一种深度。"借"无时无处不渗透在现实生活之中，只不过大多数人没有意识到这一点罢了。

在我们的一生中，要做成大事，不借助于别人的思想、能力、智慧、资金等各种可借之物，是很难想象的。

英国著名作家约翰·德莱顿说："世界上没有什么事物是不可以利用的。"在一定意义上，利用就是"借"。

同时，"借"更是一种创意，一旦这种创意转化为动力，它往往"比十所大学更能推动社会的进步"。

不仅在现实生活中，在自然科学和社会科学的各个领域，也都离不开"借"。经典力学创始人牛顿说："我之所以取得今天的成就，是因为站在巨人的肩膀上。"马克思说："人们自己创造自己的历史，但是他们并不是随心所欲地创造，并不是在自己选定的条件下创造，而是在直接碰到的、既定的、从过去继承下来的条件下创造。……恰好在革命危机时期，他们战战兢兢地请出亡灵给他们以帮助，借用他们的名字、战斗口号和服装，以便穿着这种久受崇敬的服装，用这种借来的语言，演出世界历史的新场面。"

诸葛亮能帮刘备奠定蜀国之事业，有两件大事在他一生中不得不提：一是带兵进驻荆州；二是与曹操赤壁之战。

荆州自古是兵家必争之地，对于刘备一方来说，它很重要，关系到以后的霸业发展问题。诸葛亮巧妙地运用了"借驻"这一策略，先暂让军队驻扎在那里，后来借口借驻时间没有限制一定赖在那里，为刘备发展、壮大自己力量、打通巴蜀通道起到了重要作用。

在赤壁之战中，诸葛亮一方军队装备、人数都逊于曹操，但是诸葛亮又巧妙运用借的策略一举击败曹军。

先是"草船借箭"，利用当时江面雾大，敌方看不清虚实，只好用箭射击的条件，使曹兵把箭都射到草船上，然后把草船上的箭拿下来，为我所用。

再是借"苦肉计"，让黄盖取得曹操的信任，然后去诈降，他们坐的小船里都装着硫磺等易燃物，目的是靠近和袭击曹军的水上军营。

最后是借东风"火烧赤壁"。利用曹军生于北方，不习于水战，使他们乘船时船船以铁链相扣，以便造成一只船起火，其余船只遭殃的局面。

诸葛亮借的策略一举成功，从而使吴、曹、刘三方中最弱小的一方——刘备也谋得了一席生存之地，并最终实现了"隆中对"所策划的三国鼎立局面。诸葛亮因此也名声大振，圆了自己的梦想，做了蜀国的宰相。

对外力的借助，历史上最大的例子应当首推"曹操挟天子以令诸侯"。

东汉末年，西凉军阀董卓把汉献帝赶出洛阳，挟持到长安，直到董卓被王允设计杀死，汉献帝才从董卓的爪牙中逃回洛阳。这时洛阳一片废墟，皇帝形同乞丐，天下诸侯虽在，但都忙于争夺地盘，没有人愿意理一位名存实亡的皇帝。大将军、冀州牧袁绍似乎想到向这位可怜兮兮的皇帝伸出手。但他一转念，接来一个皇帝，平白养着一个坐在自己头上的人，何必呢？也就罢了。

聪明的曹操棋高一着。他敏锐地看到手上抓住一个皇帝，便意味抓住了一个通行天下的图章，这样在群雄竞争中，就在政治上胜人一筹。他当机立断，在汉献帝回洛阳的第二天，率领自己的部队来到洛阳，把刘协从残垣断壁、饥寒交迫中接到他的根据地许昌。袁绍直到这时候还没有看出曹操这种做法有什么好处，直到曹操用皇帝名义向全国发号施令，包括下诏斥责袁绍拥兵割据时才恍然大悟。连天子都可以借助，而且是一种挟持基础上的借助，没有能力买鞋子时，可以借别人的，这样比赤脚走得快。

创意的闪现，离不开丰厚的积累，有前人珠玉，"借"又何妨？

有勇气，才会有想法

日本角田建筑公司的董事长角田式美便是其中之一。他在事业起步前，一直在思索："怎样才能在没有资金或资金很少的情况下赚大钱。"最后，他想出了一套"预约销售"的办法，实施效果甚佳。从此走上了发迹之路。他的"预约销售"说起来并不复杂，就是从这样一件生意开始的。

他已决心要在不动产行业中干一番，所以，一直在收集有关能实行他的计划的情报资料，创造并准备必需的条件。当他从社会上得知有人要以 80 万日元卖掉一所楼房时，他马上设法找到了有可能购买这栋楼房的买主，向他们透露有限的信息。从而搞清了他们要买类似这样一栋楼的价格倾向在 170 万日元左右。就同他们中的一位签订了代购合同，约下在从此两个月内帮助寻找合适的房屋。其实，这时他已胸有成竹了。之后，就到房屋卖主那进行洽谈，最后敲定以 80 万日元的价格成交，并立即办理手续，3 日内付清款项。如果 3 日内不付钱，则由角田负责在 10 日内代理将楼房售出。过期将由他赔 10% 的罚款。其实他根本没有钱，以上只不过是他的缓兵之计。剩下的工作是关键，就是要找一个中间买主，他要这个买主买下这座楼房，然后由他代办出售，保证买主能在两个月内赚到一成利润，超过的部分归角田。对中间买主来说，两个月赚一成利润，要比银行一年得息高许多，而且有人给予担保，安全可靠。所以这种买主很容易找到。在朋友的担保下他很快就又办妥了对中间买主的代买代卖合同。

这时，同卖主定好的 3 天时间已过，正好由代理中间买主把楼房买了下来，完成了第一环节的预约购买。然后，他马上回过头来去找原先预约好的真正买主，通过洽谈约 170 万日元价钱将楼房出手，完成了原先预定的销售。这样，前后不到一个月，他就净赚 74 万日元。实属借只小鸡下大蛋。有人曾问他为什么不借钱完成这笔生意，他解释说："如果是去借钱，这生意是根本做不成的，至少时间来不及。因为我是穷光蛋，别人是不会借给我这么多钱去做生意的。但是要找个朋友给生意做担保就容易得多。"

他做这种不要资金的生意确有一套。即使后来他有了资金以后，也常用这种办法，颇有收获。他原来一无所有，经过 10 年的努力，就成为日本有名的建筑业大亨了。

或许与日本人喜欢体育项目的空手道有关，日本商人也往往是"空手道"——空手博大钱的高手。

借鸡生蛋，无本生万利

借鸡生蛋，善假于物，最能体现一个人的财商智慧了。乘车可至千里，坐船可览江河，皆因借力也。做生意赚钱更需要借助于外力，因为就算你浑身是铁，又能打几颗钉呢？

所谓"借鸡生蛋",指的是在不付出或付出很少代价的情况下,利用他人有形的或无形的资源来获取利益的行为。此举重在"借",要想达到事半功倍的效果,须在"借"字上下功夫。"借"有会借、善借、巧借之分。会借者,使人心甘情愿;不会借者,使人心生厌恶。不过,会借者须用巧、善,才能"毕其智为己所用",从而心想事成。此外,光借还不行,还要借之有度,否则就会功亏一篑。

犹太人做生意全世界有名,在生意场上,他们常常使出一些常人意想不到的高招,轻松赚得巨额财富。

在日本东部有一个风光旖旎的小岛——鹿儿岛,因气候温和、鸟语花香,每年吸引大批来自各地的观光客。有一位名叫阿德森的犹太人在日本经商已有多年,第一次登上鹿儿岛之后,便喜欢上了这里,决定放弃过去的生意,在此建一个豪华气派的鹿儿岛度假村。一年后,度假村落成。但由于度假村地处一片没有树木的山坡,一些投宿的观光客总觉得有些许扫兴,建议阿德森尽快在山坡上种一些树,改善度假村的环境。阿德森觉得这个建议好是好,但工钱昂贵,又雇不到工人,因此迟迟无法实现。

不过,阿德森毕竟是个犹太人,天生就是做生意的料,他脑子一转,立即想出了一个妙招——借力。他迅速在自家度假村门口及鹿儿岛各主要路口的巨型广告牌上打出一则这样的广告:

各位亲爱的游客：您想在鹿儿岛留下永久的纪念吗？如果想，那么请来鹿儿岛度假村的山坡上栽上一棵"旅行纪念树"或"新婚纪念树"吧！

绿色是诱人而令人开心的。那些常年生活在大都市的城里人，在废气和噪声中生活久了，十分渴望到大自然中去呼吸一下清新空气，休息休息，如果还能亲手栽上一棵树，留下"到此一游"的永恒纪念，那别提多有意思。于是，各地游客都纷纷慕名而来。一时间，鹿儿岛度假村变得游客盈门，热闹非凡。当然，阿德森并没有忘记替栽树的游客准备一些花草、树苗、铲子和浇灌的工具，以及一些为栽树者留名的木牌。并规定：游客栽一棵树，鹿儿岛度假村收取 300 日元的树苗费，并给每棵树配一块木牌，由游客亲自在上面刻上自己的名字，以示纪念。这是很有吸引力的，到此一游的人谁不想留个纪念？因此，一年下来，鹿儿岛度假村除食宿费收入外还收取了"绿色栽树费"共 1000 多万日元，扣除树苗成本费 400 多万日元，还赚了近 600 万日元。几年以后，随着幼树成材，原先的秃山坡变成了绿山坡。

让你出钱，让你出力，还让你高兴而来，满意而归，这似乎是不可能的事情。可精明的阿德森却看到了这一"不可能"之中的可能性，做了一笔一举两得的生意。其中，我们看到了营销创意的价值和魅力。你瞧，本来是既花钱又费工的一件事，经营销高手一摆弄，竟变为了招徕顾客的一种手段，你能不为之叫绝吗？

其实，阿德森所使的这一高招——借力，谁都知道，但能用得如此出神入化者就极其罕见了。

"借力"不仅是发财的高招，也是一个成大事者必须具备的能力，毕竟一个人的能力是有限的。俗话说："就算浑身是铁，又能打几颗钉？"如果只凭自己的能力，会做的事很少；如果懂得借助他人的力量，就可以无所不能。

凭自己的能力赚钱固然是真本事，但是，能巧妙借他人的力量赚钱，却是一门高超的艺术。"借力"的要点就是互借互利，既要让自己受益，又能让对方受益。不让别人受益，别人肯定是不会为你所用的，比如前文故事中阿德森的做法，并不是凭空想象出来的，而是他利用都市人渴望与大自然亲密接触的美好愿望推出的"奇招"。如果栽树不能满足都市人的这一心理需求，他们肯定是不会自己掏钱去替阿德森免费栽树的。

拿破仑曾经说过一句这样的话："懒而聪明的人可以做统帅。"所谓"懒"，指的就是不逞能，不争功，能让别人干的自己就不去揽着干。尽量借助别人的力量，这从某种意义上来说，是在告诫我们现实生活中那些渴望成功的人：要善于"借力"。别人会干，等于自己会干。

那么，我们具体该如何来用好这一招呢？

其一，要主动。借不是靠，借不能依赖等待。借是小投入甚至不投入的以少胜多、无中生有的谋略。

其二，借要建立在对事物发展态势的精辟分析、准确判断的基础之上。

其三，用此招还须熟知顾客心理，迎合顾客心理而动，从而煽起顾客的消费欲望。

"会借别人的手帮自己干活，就等于自己在干活。"在现今这样一个竞争日益激烈的时代，想要干出一番成就，仅靠单打独斗是行不通的，我们应该学会"借力"，让别人替自己赚钱。

借人之力，成己之实

俗话说：孤掌难鸣、独木不成桥。一个涉入社会生活的人，必须寻求他人的帮助，借他人之力，方便自己。一个没有多少能耐的人必须这样，一个有能耐的人也必须这样。就算我们浑身都是钢，也打不了几个铆钉。何况我们大多烂泥一团，没有多少真材料。不过，"他人"只是一个泛泛的概念，有些不着边际，而且这些"他人"大多都是你的陌路人，不太熟悉的人，关系很一般的人，他们大多都不能实际地帮助你，具体地帮助你。"他人"中只有一种人能够实际地帮助你，具体地帮助你，那就是朋友。这些贴近你的亲朋好友，总是给你各种各样的帮助，你遇有危难紧急，总是他们帮你排忧解难，渡过危急。或者当你吉星高照时，也是他们为你抬轿唱喏。朋友，是一个特定的圈子，圈子虽小，作用却难以估测。

利用不是一个丑恶的东西，而是各取所需导致。一个人，无论在工作、事业、爱情和消闲哪方面，都离不开这种人与人之间的相互利用。朋友就是如此。因为各人的能力和局限，以及人际关系不同，而必须相互利用。借朋友之力，正是一个人高明的地方。在自然界，也是这样，动物们相互利用，以有利于捕猎、取暖和生殖。兽王更是利用了彼此之间的相互关系，以及在这种关系基础上建立起来的秩序和习惯，以享受最大的优越：可以吃得最多最好，可以占有最美的雌性和最年轻的雌性，等等。而耍单的动物，被淘汰者居多，无论其多么凶猛强悍，如老虎、狮子，等等。群居动物（相互利用了对方的长处和力量，哪怕是极微弱的力量）则容易繁衍和生存，如蚂蚁、蜜蜂、家鸡等。

就社会和自然状况来看，孤单的斗不赢拉帮结派的。一个人在社会中，如果没有朋友，没有他人的帮助，他的境况会十分糟糕。普通人如此，一个成就大事业的人更是如此。如果失去了他人的帮助，不能利用他人之力，任何事业都无从谈起。

黄巾乱世之中，刘关张邂逅相逢，桃园结义，成就了千古美名，也奠定了西蜀王朝的根基。以后三分天下，西蜀称帝。刘备始为皇帝，关张也成开国元勋，西蜀重臣。回头看看，刘关张结义之时，三人均是下层草民。刘备虽是汉室皇亲，却落得流浪街市，贩席为生。张飞只是一个屠夫，粗人。关羽杀人在逃，无处立身。三人结义后，彼此借重，相得益彰。董卓之乱时，吕布称枭雄。刘关张大战吕布，却只打成平手，可见吕布何等英雄。但吕布匹夫无助，枉自豪勇，最终被曹操所杀。而刘关张却在三国中彼此相仗，日益得势，最终立国树勋。这是借朋友之力的一个典型例子。西汉刘邦，也是一个善借朋友、他人之力者。刘邦出身低微，学无所长。文不能著书立说，武不能挥刀舞枪，但刘邦天生豪爽，善用他人，胆识无双。早年穷困不名时，他身无分文，却敢独坐上宾。押送囚徒时，居然敢私违王法，纵囚逃散。以后斩白蛇起义，云集四方豪杰，无论哪种背景的人或敌方的人，最后都为他所有，如韩信、彭越、英布，这些威震天下的悍将英雄，原先都是他的死敌项羽手下的人。至于刘邦身边的谋臣武将，如萧何、曹参、樊哙、张良等，都是他早期小圈子里的人，萧何、曹参、樊哙更是刘邦的家乡故邻、亲戚六眷。他们在刘邦楚汉争战中，劳苦功高，最终帮助刘邦建立了西汉王朝，也可以说刘邦利用他们成就了自己的帝王之业。

不仅帝王将相需要借他人之力（帝辇虽高，却需将帅垫托），就是平民百姓也离不开个三朋四友。这样，平时有个三长两短，紧急偶然，也有几个说话的，帮衬的，遇事方能应付。俗话说：一个好汉三个帮，一个篱笆三个桩。好汉也离不开帮手，篱笆要站稳，离不开几个桩。这都是在讲利用他人之长，借用朋友之力。

借朋友之力，是让自己能够高居人上的好方式。借人之力，成己之实。

▌“空手套白狼”，靠的就是想法 ▌

比起角田式美的"空手道"功夫，美国商人图德拉的"空手套白狼"功夫似乎更加技高一筹。

图德拉原来是加拉加斯一家玻璃制造公司的老板，凭着顽强的毅力，自学成才，将玻璃制造公司经营得红红火火。但他的目标不在这儿，而是一心渴望有一天能在石油生意上有所发展。

第二天，他从一个朋友处获悉阿根廷即将在市场上购买 2000 万美元的丁烷气体，于是灵机一动，何不去努力一番，说不定会弄到这份合同呢？图德拉来到了阿根廷，发现自己的竞争者竟然是大名鼎鼎的石油界巨商：英国石油公司和壳牌石油公司。图德拉想到自己单枪匹马来到这儿，既无老关系，也无经验可言，如果与这些大公司正面竞争，无疑是以卵击石，必然一败涂地。只有避开这些弱点，想出新的计谋，才能取得胜利。

他在当地四处搜集信息，摸熟了一些情况，并且还发现了另外一件事，阿根廷牛肉过剩，该国王想不顾一切地卖掉牛肉。图德拉知道这事后，喜上眉梢，心想，这一下我有办法同几家大石油公司抗衡了。

他即刻告诉阿根廷政府："如果你们向我买2000万美元的丁烷，我一定购你们2000万美元的牛肉。"他这个条件对于阿根廷政府来说，正是求之不得，为阿根廷政府解除了后顾之忧。于是图德拉和阿根廷政府签订了这份合同。

图德拉拿到合同后，马上飞往西班牙，因为他已经了解到那里国家主要的造船厂正因缺少订货而濒临倒闭。这是西班牙政府面临的一个棘手而敏感的问题。图德拉告诉这家造船厂的老板："如果你们向我买2000万美元的牛肉，我就在你们造船厂订购一艘价值2000万美元的超级油轮。"造船厂老板听后欣然同意。图德拉随即通过西班牙驻阿根廷大使传话给阿根廷政府，将图德拉的2000万美元的牛肉直接运往西班牙。

　　这件事办完后，图德拉离开了西班牙，来到了美国费城的太阳石油公司，向公司提出了自己的建议和要求："如果你们租用我正在西班牙建造的 2000 万美元的超级油轮，我将向你们购买 2000 万美元的丁烷气体。"太阳石油公司同意了图拉德提出的条件，签订了合同。

　　图德拉利用相互需求和彼此制约的关系使各方都接受了他的条件，以"穿针引线"的连环计闯入了石油界。

▌借梯登楼，一样可以成功 ▌

　　克罗家里很穷，他被迫在中学没有上完的时候出来做工，后来在一家工厂做推销员，尽管收入还可以，可他总是想自己出来创业。一次偶然的机会，他认识了经营快餐店的麦克唐纳兄弟。克罗对快餐的了解是从这兄弟俩身上开始的，经过一番调查，克罗觉得有必要对美国的快餐业进行改造，组成一个大的快餐托拉斯。虽然他雄心勃勃，却一贫如洗，根本没有资本来实现自己的理想。这时，他想起了麦克唐纳兄弟，何不来个"借梯登楼"呢？克罗这样想。说干就干，克罗找到麦克唐纳兄弟，提出要到其快餐店打工，同时进行推销员的工作，并把做推销员工作的

5% 薪水给麦克唐纳兄弟。这当然是一个好买卖，麦克唐纳兄弟做梦也没有想到，堡垒中竟然混入了敌人。

在以后的 6 年里，克罗为了赢得老板的信任，工作特别勤奋。他多次向老板提出改进经营方法，营造轻松环境，提出配制份饭、轻便包装、送饭上门等建议；还建议在饭店里装上音响，使顾客更加舒适；他还大力改善食品卫生，严格挑选服务员。每一次的改革，都得到了麦克唐纳兄弟的同意，也取得了良好的效果。在美国，麦克唐纳快餐店的招牌越来越清晰，克罗新点子层出不穷，渐渐地在快餐店的地位超过了原来的老板。为加紧筹备倒戈，克罗秘密筹集了大量的资金，他认为时机成熟，是与麦克唐纳兄弟分道扬镳的时候了。

1961 年的一个晚上，克罗与麦克唐纳兄弟进行了一次艰苦的谈判。开始的时候，克罗提出了苛刻的条件，麦克唐纳兄弟拒绝让步，克罗把价格提到了 270 万美元的现金。麦克唐纳兄弟虽然舍不得自己的店，但又拒绝不了这个诱人的价格，最终同意由克罗独自经营。第二天，麦克唐纳快餐店发生了主仆易位事件，雇员炒了老板的鱿鱼。克罗入主后，立即贯彻自己的经营思想，并迅速扩大到全美国，在不长的时间里就赚回了 270 万美元，再经过 20 年的经营，总资产已经达到 40 多亿美元，其连锁店遍及世界各地。

　　"借梯登楼"之术的实施，首先要求经商者对自己要从事的事业有明确的目标。这样才能找准梯子。克罗对快餐业有兴趣，准备投资这一领域，所以他才会投奔麦克唐纳。如果克罗仅仅是为了解决资金的问题，到快餐店打工，那他再打 6 年的工也挣不了这么多钱，并且买下这个快餐店，更谈不上贯彻自己的经营思想了。

　　但有的经商者，即使找准了梯子，却没有登上楼，反而被人发现，这是为什么呢？因为这一计策的实施，要求能够充分利用对方的弱点。克罗看准麦克唐纳兄弟的贪婪，先以自己推销员工资的 5% 为诱饵，进入其快餐店。后又以勤奋的工作赢得老板的支持，使自己的新鲜做法能够贯彻，以此检验了他们的可行性。最后，利用麦克唐纳兄弟要现金的心理，赢得快餐店的独自经营权。

　　"借梯登楼"是一个看似简单，实际上操作很难的方法。许多读者大概都看过这样的计策，但真正用得好，却要精细地打算。

聪明的大脑是最大的财富

靠聪明的大脑挣钱，美国人丹尔·洛维格的创业经历，可以说是一个经典的范例。

现在丹尼尔·洛维格所创立的企业王国，是一个庞大复杂得令人不可思议的跨国公司，它包括全部独资或拥有多数股权的遍布世界的许许多多资产，一连串的储蓄放款的信贷公司，许多家旅馆和许多座办公大楼，从澳洲到墨西哥各地的许多家钢铁厂、煤矿及其他自然资源的开发经营公司，在巴拿马、美国佛罗里达州的石油和石油化学工业炼油厂等。除此之外，洛维格还拥有一支总吨位达 500 万吨、足以同希腊船王的船队相媲美的世界性船队。

然而，令人感到惊诧的是，这一切都是丹尼尔·洛维格白手起家，依靠自己的聪明才智所取得的。其中他独特的、高明的借钱赚钱方式，是他的事业得以成功的最重要因素。

丹尼尔·洛维格 1887 年 6 月出生于密歇根州的一个叫南海温的小地方，他的父亲是一个做投机生意的房地产捐客，生意还算顺手，但并不富有。在他 10 多岁的时候，父母分居了，他归父亲抚养。

　　这时，他父亲发现在得克萨斯州一个以航运业为主的名叫阿瑟港的小城，有些房地产生意的机会，于是，他们便迁居到那里。由于洛维格对船十分着迷，他高中未毕业，就辍学到码头上找了个工作。就这样，他东飘西荡地混了好几年，最后，在一家航业工程公司安顿下来。他的职务是到全国各地港口为船舶安各种引擎，他很喜欢这份工作，并且发现自己是个好手。于是，他开始利用晚间，为自己找些安装和修理的兼职工作。

　　比尔·盖茨说：一个想干事业的人，如果永不放弃成就一番事业的念头，他早晚会有机会。

　　洛维格从 19 岁开始经营自己的事业，在此后的 20 多年中，他一直没有财星高照，走上红运。他在航运业里碰来碰去，做些买船、卖船、修理和包租的生意，有时赚钱，有时赔钱，他手头的钱一直很紧，几乎一直有债务在身，有好几次都濒临破产的边缘。

　　一直到 20 世纪 30 年代中期，年近 40 岁的洛维格才开始时来运转。这归功于他高明的借钱赚钱的经营方式。最初，他仅仅是想通过贷款买一艘普通的旧货轮，打算把它改装成油轮（运油比运货的利润高）。他找了好几家纽约的银行，银行的职员们瞪着他的磨破了的衣领，问他能拿出什么担保物。洛维格双手一摊，他没有值钱的担保物，借钱只得告吹。最后当他来到纽约大通银行时，他提出他有一艘可以航行的老油轮，现在正包租给一家信誉卓著的石油公司，大通银行可以直接从石油公司收取包船租金作为贷款利息，用不着担惊受怕，只要这条老油轮不沉，石油公司不倒闭，银行就不会亏本。

银行就按照这个条件，把钱借给了洛维格。洛维格买下了那艘想买的老货轮，把它改装成为一艘油轮，将它包租出去。接着，他又用同样的方法，拿它作了抵押，又贷了另一笔款子，买下了另一艘货轮，又把它改装成油轮包租出去。如此这般，他干了许多年。每还清一笔贷款，他就名正言顺地净赚下一艘船。包船租金也不再流入银行，而开始落入洛维格的腰包。他的资金状况，他的银行信用，都迅速地有了很大的改进。洛维格开始发财了。

洛维格通过借钱赚钱而发了财后，他的脑袋里又发生了一个更加绝妙的借钱构想。他想，既然可以用现在的船贷款，那么为什么不可以用一艘未造好的船贷款呢？

洛维格的具体设想是这样的：他先设计好一艘油轮或其他的船，但在安放龙骨前，他就找好一位愿意在船造好以后承租它的顾客。然后，他拿着这张包租契约前往银行申请贷款，来建造这艘船。贷款的方式是不常见的延期偿还贷款，在这种条件下，在船未下水以前，银行只能收回很少还款，甚至一文钱也收不回，何时等船下了水，租金就开始付给银行，其后贷款偿还的情况，就和前述的一样了。最后，经过好几年，贷款付清之后，洛维格就可以把船开走，他自己一分钱未花就正式成为船主了。

当洛维格把自己的构想告诉给银行时，银行的职员们都惊呆了。当他们清醒过来，经过认真研究之后，便采纳了洛维格的构想，同意贷款。对于银行来说，这是一个不会赔本的贷款，从安全方面来讲，这个贷款受到两个经济上独立的公司或个人的担保，这样，假设其中的一个出了问题，不能履行贷款合同，另一个不一定必有同样的问题，所以，银行反而认为借出的钱多了一层保障。更何况此时的洛维格早已不是以前的穷光蛋了，他不仅有大笔的财产，还有良好的及时归还贷款的信誉。

借钱赚钱的方式，被洛维格很快地推行到他的所有事业上，真正开始了他那庞大的财富积聚的冒险过程。最初，他是向别人租借码头和造船厂，很快地就改为他向别人借钱，修建自己的码头和造船厂。这一切都给他带来极为可观的丰厚利润。

洛维格如同坐上幸运之船，他这种借钱赚钱的方式，又遇上了第二次世界大战这个良好时机，他所有的造船厂都生意兴隆，从 20 世纪 40 年代初一直持续到 20 世纪 40 年代末。

然而，洛维格的事业在 20 世纪 50 年代开始遇到麻烦。由于美国国内工资、物价的升高和各种税收的增多，以及美国政府的各种限制，在国内办厂和办航运的利润都在逐步下降。洛维格及时看到了这一点，把眼光瞄向了海外市场。他第一步是到日本建厂。

趁着 20 世纪 50 年代初期的日本经济萧条、百业待兴，洛维格对日本巨型舰船的生产地——吴港，进行了大规模的投资，把它作为他的轮船制造基地。随着他拥有的船队的不断扩大和业务的持续增加，他在世界各地不断增设新的轮船公司。

洛维格善于航运经营和企业理财之道，他把自己的大部分轮船公司在税、费等较低的哥伦比亚和巴拿马等地设立，以增加公司的利润。此外，他还创立了储蓄借贷公司，以调剂他的企业王国中各公司资金的余缺。同时，他也不断地为他的王国开辟新的天地和经营领域。

洛维格首先选定一艘还没有造好的货轮或油轮，然后向可能的顾主推销这条船，当顾主决定承租这条船后，他拿着与顾主承租契约到银行申请贷款。在这种情况下，船未下水之前，银行只能收取很少的本息，甚至是一文钱也不能收，而一旦船造好后，租金就归银行所有，若干年后，洛维格把贷款还清，还可以把船开走。这样他没有花一分钱，就成为正式的船主了。

他拿到了贷款就去买下他想买的货轮，然后自己动手将货轮加以改装，使之成为一条航运能力较强的油轮。他利用新油轮，采取同样的方式，把油轮包租出去，然后以包租金抵押，再贷到一笔款，然后又去买船，再去……这样，像神话一样，他的船越来越多，而他每还清一笔贷款，一艘油轮便归在了他的名下。随着贷款的还清，那些包租船也全部归他所有。

　　这就是洛维格奇异而超常的思维。洛维格的成功，最关键的地方就在于他找到了一种巧借别人的"势"来壮大自己的妙策。一方面，他将船租给石油公司，这样他就有了与这家石油公司开展业务的背景。有这样一家石油公司来衬托他，况且每月租金可以直接抵付利息，银行当然乐意将钱贷给他了。另一方面，他用从银行借来的钱再去买更好的货轮，然后再租给石油公司，然后又贷款。从这一点上讲，他又巧妙地利用借来的钱壮大了自己的"势"，如此往复，借的钱越多，租出去的船也就越多，而租出去的船越多，其"势"就越壮大，而"势"越壮大，就可以获得更多的钱……这样，像滚雪球一样，他当然就发财了。由此可以看出，犹太人不但精于利用别人的钱，更精于假借别人的力量来壮大自己或者说为自己服务。

　　也许有人说，美国的情况跟中国有很大不同，在美国可以做的事情，中国未必可以做，中国银行的每一笔贷款都要经过严格的审批，洛维格的办法也只能是看看而已。这真是鼠目寸光的看法！

总而言之，犹太人懂得任何事业都不能一步登天，但"登天"的办法却是多种多样的，办法得当，则可快捷省力。巧于"借力"，精于"借势"，是成功的一大诀窍。

比尔·盖茨说：最大的财富不是堆积如山的金钱，而是聪明的大脑。

天下之财为我所用

《三国演义》第46回有一段"草船借箭"的故事：周瑜给诸葛亮出了一道难题，10天之内监造10万支箭。诸葛亮明知这是一件欲害自己的"风流罪过"，却欣然从命，还把日期缩短为3天，当场立了"军令状"。第三天，浓雾满江、远近难分。诸葛亮在鲁肃的陪同下，指挥20只草船向曹军水寨驶去，并令船上军士擂鼓呐喊。顿时，曹营中一片惊恐，以为敌军攻到，立即命令弓箭手向鼓声方向射箭。这样诸葛亮通过草船，凭借大雾，从曹军"借"了许多箭，完成了"造"箭任务。鲁肃惊奇地问："何以知今日如此大雾？"诸葛亮答："为将而不通天文，不识地理，不知奇门，不晓阴阳，不看阵图，不明兵势，庸才也。""草船借箭"的成功在于施计者诸葛亮上通天文、下识地理，博才多学，善于识机和利用它。

珠海市西区区长为当地引进数亿资金的成功就是草船借箭谋略范例。1984 年在全国银根紧缩时，他就构筑了"天下之财为我所用"的思路。当时，举国上下进行改革开放搞活，中央、省、市领导对珠海建设很关心，并积极支持。这对于有头脑、有眼光、敢于开拓、勇于进取的人来说无疑是个良机。也正是这样的人，他善于识机，认为现在正是吸引外部资金，搞好当地经济建设的好机会，自己应充分利用。为了使当地荒凉的土地生财，他不惜先让利、多让利、让长利，吸引了大批投资者。而投资者多了，必然带来人旺，人旺必然带来地旺，地旺又必然带来财旺。由于采取优惠办法，吸引了大量资金，从而带动了白藤湖旅游、建筑、工业、农业、商业、园林、公路和疏浚等八大行业的发展，联合发展总公司的年产值亦由几百万元迅速上升到近亿元。区长善于抓住时机，利用优惠政策和土地资源这条"草船"，采取"先让利，后得利"的方法，吸引大量外部资金为我所用，达到借"箭"的效果，的确为上策。

炮制民企神话的顾雏军运用它的"七大板斧"收购计划吞并四大企业美菱、科龙、亚星、ST 襄轴的经典案例中所用的策略最为重要的也是：花别人的钱办自己的事！

"七大板斧"——安营扎寨、乘虚而入、反客为主、投桃报李、洗个大澡、相貌迎人以及借鸡生蛋。

乘虚而入：被顾雏军收购的美菱、科龙、亚星、ST 襄轴都属于在行业中占据龙头地位的公司，在被收购时都面临经营问题。

反客为主：是因为顾雏军在完成收购前，一般会提前进驻被收购企业担任董事长。

投桃报李：技巧则在于担任董事长后，他会以品牌折价、土地折算等方式，减去甚至免除母公司或者大股东向被收购企业所借债务。

洗个大澡、相貌迎人：指的是提前介入管理的顾雏军先大幅提高企业运营费用，导致巨幅亏损，在完成收购后，又将运营费用比例降到零，制造接手后即大幅扭亏的假象，强化了外界的"民企神话"。

在顾雏军收购的四家企业中，都出现了同一现象——短期内盈亏曲线几乎完全对称，因为它完全是数字游戏而已，顾雏军的收购全过程只有很少的资金作为支撑，大多数时候是"花别人的钱办自己的事"。这也就是七大板斧最后一招——借鸡生蛋的秘诀。

"草船借箭"虽出自军事上的谋略，但应用于经济上一样可产生奇效。

万事万物，都可以策划

在森林中，狐狸是相当聪明的动物，由于它个子小、没有力气，所以常常得不到其他动物的尊敬。为了克服这一点，狐狸就想到一个好的策划方案，进行融资，说服老虎跟它做朋友。通过与力大无比的森林之王老虎密切交往，狐狸可以伴随老虎四处行走，享受百兽给予老虎的提心吊胆的尊敬，同时，狐狸通过"媒体"大吹大擂它跟老虎之间的特殊交情，制造出一种假象，即它的安危受到老虎的极大关注，这样，即使老虎不在狐狸身边，百兽得知狐狸与老虎的密切关系，也能保证狐狸在"弱肉强食"的森林竞争法则中得以生存，并且与时俱进迈入小康。

狐狸的这种做法，就是典型的"借光计"，这个故事原是指狐狸仗着老虎的威风吓唬别的野兽，从谋略的角度看，就是指策划人本体借助于外在力量增长自己的势力威风，达到战胜对手、获取竞争优势的目的。

从策划的角度看：万事万物都可以策划，都能成为我们策划的工具。凡是能让我们为人做事增光添彩的人、物、事、情，都可以借，借光的办法很多，"光"的种类也千奇百怪，有些事情看起来跟自己毫无相干，只要动一动脑筋，就会大有文章可做。

综合起来，借光计可以凭借政治的影响、组织的势力、名人的声名、文化、新闻、时机（环境）、头衔，甚至专业特长等，以多种方式来完成自己人生的腾飞。

借政治背景，最典型的案例就是三国的的曹操，曹操将汉天子控制在自己的手中，东征西讨，开口就是"我奉旨来讨伐你"。在激烈的市场竞争中，大占道义上的便宜，故《OK策划论》有言：替天行道，则师出有名，名正言顺；借水行舟，则出师有势，势在必行。在封建社会中多少次农民起义，都要找出一个某某前代帝王的后裔以博取声名，因为这些人的影响比一般人大得多，可以起到事半功倍的号召作用。

在现代商战中，如洛克菲勒看准联合国在国际政治上即将扮演的重要地位，将自己的一小块地皮"租"给联合国办公，随着联合国的地位受到重视，自己周围的地皮也得到大幅的升值。日本松下集团借助于"皇太子婚庆"来普及自己的电视机，英国的一家旅游公司借助于皇太子婚庆来宣传自己的旅游，中国的长城饭店借助于美国里根总统访华来提升自己的社会形象……都属于此范畴。摩托罗拉公司在中国取得的巨大成功，其中一个重要原因就是摩托罗拉公司努力与中国领导人、中央政府、地方政府建立的和谐关系，为其发展奠定了良好的社会关系。

花钱 = 赚钱，关键在于会花钱

　　会花钱就等于赚钱。乍一听，总觉得有悖于中国的传统常理。在中国人的传统理念里，能赚会花总是和吃喝玩乐联系在一起。所以有不少中国人在挣了一些钱之后，总喜欢深藏不露。更有甚者终其一生，花费甚少，身后却留下巨款一笔，让人大吃一惊。

　　常听朋友们在一掷千金挥霍后，仍然豪气万丈地说，这点钱算什么，只要我花得开心就行。至于说完此话后心里是否酸溜溜的，也只有当事人自己知道了。花得开心不等于花得多，花得多也不等于花得开心。

　　会花钱就等于赚钱看来还是有前提的，不是花 10 元钱，换来了 10 元的货这样简单，而是花了 10 元钱，得到了 12 元，甚至更高价值的商品，这才是真正意义上的赚。会花钱就等于赚钱的前提是花费之前多思量，凭一时冲动或心血来潮花钱，其结果常常是换来了一时的快感或满足，并没有得到更多的事后利益。当然，这种经大脑思考过后的决定，可不是婆婆妈妈讨价还价或优柔寡断地无从选择，而是在消费之前将自己定位成一个合格的市场调研员。这么说吧，Marketing Research 总会做的吧，货比三家的概念就应用于此。

会花钱等于赚钱的最高境界应该是在和朋友们一起分享那份物超所值带来的喜悦。社会发展至今，周围的人似乎都是高智商，兜里的钱很容易被别人赚去好像是很久以前的事情。

现在最流行这种最会花钱的人，即使手里没有属于自己的钱，也一样能赚大钱。就像运用风险投资基金的人。毕竟这个社会还没有到人人都懂得如何花钱的地步，所以社会需要这些理财顾问。而花着别人的钱，挣的工资却不菲的他们，为投资人所产生的潜在效益更是惊人，这就是因为他们懂得如何花别人的钱，同时也能为自己和他人带来更多的价值利益。

花钱是一门学问，有的人花了 1 元却挣了 100 元，有的人花掉 100 元却一文不赚，更有甚者，全部赔光亦有之。曾在一本时尚类杂志上看过一篇记者对某知名演员的采访。文中提到了她的消费观，她说她和她的好友江某、徐某是三种消费观不同的人，如果有 10 元钱，她会花 5 元，江某会花 10 元，而徐某则只花 3元。看完后不禁一笑：原来自己也是她们中的一个啊。而现在花多少已不是关键，新观念就是花了 10 元后能赚多少？

会花钱，就是会投入，只有懂得如何投入，才能得到很好的产出。

最经济有效的广告

19世纪，诺贝尔是闻名于欧洲的大实业家，在许多关于他创业的故事中，都透露出他的聪明才智。他曾做过一次出色的宣传，使他发明的甘油炸药在人们心中的印象大为改观。

诺贝尔发明的这种新型炸药，是用硝酸甘油引爆黑色炸药，能产出超出普通黑色炸药许多倍的破坏力。这种混合炸药问世以来，深受工业界欢迎，销路极好。但是不久，问题接踵而至。由于硝酸甘油以液体形式存在时，在一定条件下会自行爆炸，从而导致了运输和生产过程中一系列爆炸事件的出现，带来很大伤亡，也使硝酸甘油的名声大大受损。鉴于这种情况，许多国家政府准备对这种新型炸药的生产加以控制或禁止。

为了给甘油炸药这一新型产品正名，诺贝尔实施了一个新颖而富有成效的计划。

他来到工业发达的英国，首先在报纸上登出声明，表示要亲自在公众面前表演甘油炸药的操作和试验，以证明甘油炸药的安全可靠。许多人知道了著名的炸药大王诺贝尔要亲自试验的消息，人们好奇地等候着试验的结果。

然后，诺贝尔遍访那些财力雄厚的矿场主和铁路建设者，让他们相信，硝酸甘油只要使用得当，绝对不会带来危险，而它的效能却能为企业带来机会和财富。他还邀请他们去观看他的试验。

一切准备就绪。在表演的那天，围观的人们众多，大家对这场试验仍充满恐惧，对诺贝尔可能遭受的悲惨事故猜测纷纷。

诺贝尔带着试验用的一箱箱材料出现了，他把人们安排到一个安全的地点，而这个地点又能看清他的所有动作。在人们提心吊胆的心情下和议论纷纷的声音中，诺贝尔开始了他的表演。

首先，他取出一些硝酸甘油和火药的混合物，在人们的惊叫声中把这混合物点燃，有些人转过脸不敢看，以为会出现爆炸场面，但是，爆炸没有发生。

然后，他又将满满一箱的硝酸甘油和火药的混合物，放在燃烧的柴堆上。爆炸依然没有发生。

接着，他的助手提着同样的一箱材料，走到一处 60 英尺高的岩石上，他们将箱子投下去。诺贝尔站在岩石下，箱子落到他的身边，在人们的惊呼声中，他纹丝不动地站着、微笑着。爆炸依然未如人们料想的那样发生。

诺贝尔宣布检验甘油炸药安全性能的三个试验结束了，围观的人们终于松了口气，纷纷夸赞新型炸药并不是传说中的那样可怕。

但是，诺贝尔的表演并未结束，现在是他向人们展示新型炸药威力的时候了。

他把那些试验过的材料分别放在一根橡木上、一块大石块上和一个大铁桶上，然后分别引爆。围观者刚刚放松的心情又再次紧张了，在人们目瞪口呆的神情里，诺贝尔轻松镇静地完成所有程序，退到一边。在震天动地的爆炸声后，人们再去找那三样东西，除了零碎破烂的一些残骸外，什么都没有了。这样强大的爆炸力，让人们惊呆了。

一切还未结束。诺贝尔和助手们又在一个石坑里钻进十几英尺深，然后填上十几磅炸药，并用雷管引爆。在惊天动地的一声爆炸后，一个巨大的坑呈现在人们面前，所有的原貌都没有了，那些坚硬的岩石碎如粉末。

所有在场的矿场主和铁路建设者，在爆炸声后先是惊讶，而后便是狂喜：多么有用的炸药，这不正是他们在开矿、通路时渴望的东西吗？谁都明白，这种新型炸药将会给自己带来多少巨大的财富。

而此时的诺贝尔，他什么都不用再说了，这一切早已证明他的炸药的价值。在这样一次影响巨大的表演之后，再没有人对甘油炸药提出异议了，这样安全而有效的甘油炸药怎么可能被拒绝呢？甘油炸药的广泛运用使筑路和开矿进入了一个新的时代，而诺贝尔的"工业王国"更向前迈开了一大步。

第 *10* 章

要的就是惊世骇俗

世界上最伟大的创意和发明，都源于懒人想少走几步路，嘴馋的人想吃更可口的美味，还有那些异想天开的联想。

剃须刀是这样发明的

金·吉列是一个发明家，他眼睛盯着全世界男人的胡子，发明了剃须刀并投入生产取得成功。

1895 年，40 岁的吉列是一家公司的推销员，职业需要，他十分注意仪表的修饰。一天早上，吉列刮胡子的时候，由于刀磨得不好，刮起来费劲还在脸上划了几道口子。懊丧的吉列眼盯着刮胡刀突然产生了创意新型剃刀的灵感，于是他辞去了推销员的职务，专心研制新型剃须刀。新发明的基本要点是安全保险、使用方便、刀片随时可换。由于没能冲破传统习惯的束缚，新发明的基本构造总是摆脱不了老式长把剃刀的局限，尽管他一次又一次地改进设计，结果却不能令他满意。几年过去了，吉列仍是空怀雄心，希望渺茫。一天，他两眼茫然地望着一片刚收割完的田地，一个农民正在用耙子修整田地。吉列看到农民轻松自如地挥动着耙子，一个崭新的思路出现了，新剃须刀的基本构造应该同这个耙子一样，简单、方便、运用自如。苦苦钻研了 8 年后，吉列终于成功了。

1903 年，他创建了吉列保安剃须刀公司，开始批量生产新发明的剃须刀片和刀架。经过潜心经营了 8 年，吉列保安剃须刀不仅打开了市场，而且还把销量扩展到了整个美国市场。"第一次世界大战"的爆发，为吉列公司的发展提供了一个良好时机，吉列对此紧抓不放，他以成本价格把大批保安剃须刀卖给美国政府，美国政府则以士兵应保持军容的整洁为由，给美国士兵每人发一支保安剃须刀。

就这样，赴欧洲战场作战的美国士兵把保安剃须刀的影响扩展到欧洲和世界其他地方。吉列的这种策略表面上一文未赚，实际上却产生了任何广告都难以达到的效果。1917 年，吉列保安剃须刀销售了 13 亿支刀片，是吉列公司初创那一年（1903 年）销量的近 80 万倍。

虽然"第二次世界大战"时金·吉列去世。但吉列公司仍沿用"第一次世界大战"时的做法，把数量巨大的保安剃须刀作为军用品供应给美军，随美军走遍世界各地，由此，吉列公司获得了战后的巨大发展。吉列公司并未就此止步，在世界经营剃须刀片的企业日益增多、竞争日益激烈的情况下，吉列公司为保护自己的优势地位坚持产品创意，于 1959 年推出了新产品——超级蓝色刀片，称为蓝色吉列，深受消费者的欢迎，连续创下了吉列历史上销售新纪录。1962 年，吉列公司销售收入达到 2.76 亿美元，利润达 0.45 亿美元，市场占有率高达 90%，利润率达到了 16.4%，尤其令人震惊的是吉列公司以高达 40% 的投资收益率在当时的 500 家大企业中名列榜首。到 1968 年，吉列公司创下了销售保安剃须刀片 1110 亿支的纪录。

但是，面对世界各国同行业的激烈竞争，吉列想一统天下实在很难。意大利不锈钢刀片研制成功并投放市场，给了吉列公司一个沉重的打击，使他们措手不及。吉列公司在意大利的一统市场一下子被不锈钢刀片抢走了 80%。随后，不锈钢刀片又进入美国。吉列公司因拿不出和不锈钢刀片抗衡的新产品而节节败退。

面对这一严峻的竞争，吉列公司迅速组织技术力量，投入大量资金全力开发研制不锈钢刀片。在意大利不锈钢刀片问世一年零六个月后的 1963 年 9 月，吉列公司把自己的新产品——吉列不锈钢刀片投放市场，竭力和意大利刀片抗衡。两年后，吉列公司又推出第二代超级吉列不锈钢刀片并且以新产品为依托，采取大规模广告宣传和降低价格策略，不久就把意大利刀片赶出了美国市场。

随着社会经济的发展和科学技术的进步，1960 年电动剃须刀问世，形成对吉列剃须刀的新威胁。吉列公司采取的对策仍是开发研制新产品，他们研制的"双排刃保安剃须刀"在安全、耐用、价格和能把胡子彻底刮净等方面具有电动剃须刀不可比拟的优越性，足以和电动剃须刀抗衡。

由此可见，开发新产品、坚持创意活动是吉列公司在市场上立于不败之地的保障。

吸油泵的"原理"其实很简单

这是一位著名的日本创意学家的发明，让我们看一看他的发明过程：

那是1942年冬天的一个寒冷的早晨，我看见母亲在冰冷的厨房里，双手抱着一个巨大的玻璃酱油瓶子（容量1800毫升），正费力地向桌上的小瓶子里倒酱油。

现在所使用的酱油瓶已改成拿着方便的体积小的塑料瓶。那时却是又大又重的玻璃瓶，瓶口上也没有现在这种特制的注出口，所以对一个妇女来说，向小瓶里倒酱油并不是一件轻松的事。冬天，厚厚的玻璃制成的大瓶子，连同里面的酱油一起被冻得冰冷，母亲那冻伤的双手不断地颤抖，酱油洒了一桌子，但小瓶里却没有装进去多少。

为了让她不抱那个冰冷的大瓶子就能够轻松地将小瓶装满酱油，我决定要想一个好办法。于是我自己去图书馆，读了许多书，查了一些资料。在学习流体理论和原理的过程中，我了解了流体力学的虹吸现象，找到了解决问题的关键所在。

我找到了理论根据，掌握了"合理性"。这个理论根据就是：当流体在管道内从高处向低处流动时，尽管中间有一段高出液体平面的管路，但一旦液体开始流动，液体就会不停地向低处流动，这一现象就是虹吸现象。当然只有这一点还是不够的。当用管子吸取大瓶酱油时，必须想办法把酱油吸到逆"U"字形的管子的最高处，再使之向另一端的低处流，才能形成虹吸，才能使酱油自动地流入小瓶。向低处流的"下坡"是不成问题的，困难的是怎样才能把酱油吸到管子的顶点，也就是"爬坡"的问题。当然也可以像一般人所想象的那样，用嘴吸管子一端，把酱油吸过顶点后再迅速地将管口插入小瓶。但是用嘴吸的时候轻重很难控制，很容易把酱油吸到嘴里或洒到外面。

"难道没有好的办法吗？"有一天我正在为这事苦思苦想的时候，突然目光落在桌子上自来水笔的墨水吸取管上，我脑子里一亮，来了灵感。我上中学的时候，所使用的自来水笔与现在的不一样。向自来水笔里灌墨水的方法是，用一个带橡皮球的玻璃吸管从墨水瓶吸取墨水后，再注入自来水笔内。

这种墨水吸取管由一枝一端细一端粗的玻璃管和一个连在粗端的空心橡皮球构成，这是那时使用自来水笔必不可缺少的文房之宝。将不带橡皮球的玻璃管细端插入墨水瓶，用手将橡皮球捏扁，松开手，墨水就会被吸入玻璃管中。再将细端插入自来水笔的上端，捏扁橡皮球，墨水就会注入笔内。

这个墨水吸取管触发了我的灵感，找到了解决问题的方法。"不用嘴吸管子口，也能把液体吸上来！"于是我把吸取管的橡皮球取下来，再将一根喝汽水用的塑料管弯成"U"字形，在中间开了一个洞，把橡皮球用胶水固定在吸管的洞口上。

但是只这样做并没有成功，并没有把液体吸上来。经过试验和思考，我明白了在吸管上必须有两个单方向通行的活瓣。最后经过多次的改造、试验，克服了许多困难，终于成功地使吸上来的液体不再倒流回去，能顺利地连续流动了。40多年来，这项发明一直被家家户户所使用。

▌ "瓜果书"的起源 ▌

"瓜果书"最早起源于日本，日本是最早致力于农业高新技术产业化研发推广的国家，而"瓜果书"的设计和制作发轫于无土栽培技术的勃发。在日本农产省和日本有机农业研究会的共同推进下，"瓜果书"应运而生。"瓜果书"，通俗讲来，就是一种

"书本里能长出花花草草、瓜瓜果果的有机书"。

这个美丽的童话有着坚实的科学基础和依据。"瓜果书"，本质上是结合了工业设计的先进理念和园艺栽培的成熟技术，从而打造出的极具创新意识的工业产品。"瓜果书"里边含有膨化剂，高效营养介质以及迷你种子。在日本，各地商场和书店均有"瓜果书"出售，诸如"番茄书""黄瓜书""茄子书"，应有尽有。这些外貌似书本的产品表面包装有防水纸，其内塞有石绒、人造肥和种子等。人们购回后按照其内附赠的种植说明，只要每天浇水，便能长出手指粗细的黄瓜、弹丸似的番茄、拳头大的茄子等。一般情况下，一本"番茄书"经培育可长出 150~200 个迷你果，一本"黄瓜书"可结出 50~70 条袖珍瓜。这种时尚新颖的创意产品一度在日本成为最为畅销的工艺创意产品。

"瓜果书"在欧洲美国的发展日渐成熟，以美国为例，美国的"瓜果书"更加注重于无土栽培技术的地位，同时将书的外观设计加以多样化。这种"瓜果书"在美国的发展突出技术优势，具有产品外观设计多样化的显著特征。美国和欧洲的这种创意设计理念逐步走向了书本的奇迹，科学家们正致力于改造书的内在结构，致力于书本材料的有机化。

全世界范围观察，现在的"瓜果书"还处于书本与有机介质的结合阶段。有机介质借助于书本外观的创意设计，从而实现了有机介质和种子的生长发芽，开花结果。

麦当劳公司的"老题目"

麦当劳公司是闻名全球的快餐大王，麦当劳餐厅遍布全世界六大洲百余个国家，在世界上大约拥有 3.4 万多家分店（2011 年数据）。它的法式炸薯条采取计算机控制，制作时间不超过 7 分钟。不满 10 分钟就能烘制好汉堡包，每天售出汉堡包近 2 亿个；所制出的冻肉馅饼规格、大小、重量都相同。食物送至顾客手中只需 60 秒。麦当劳的年销售额已突破 240 亿美元（2011 年数据），股票市价一直处于稳定增长之中。股票市价一直处于稳定增长之中。

麦当劳公司的创始人雷·克洛克作为一个新企业的开创者被人们永远记忆。他在食品服务业这一"老题目"上做出的新贡献，足与洛克菲勒在石油提炼业、卡内基在钢铁业、福特在汽车装配流水线的功绩相媲美。

1954 年，麦当劳汽车餐厅在加利福尼亚州圣贝纳迪诺市开张营业时，克洛克便一眼看出了麦当劳公司正填补食品服务业的一个巨大空白。他在这一行业干了 25 年，比任何专家更清楚方便食品巨大的潜在市场。他意识到，正可借此机会大力开拓麦当劳公司已占领的快餐市场。

麦当劳公司是由莫里斯·麦当劳和莫查德·麦当劳兄弟俩于1928 年创立的。他们发展了流水线生产汉堡包搭售法式土豆煎片的经营方式，率先采取标准化牛肉小馅饼、标准化配菜系列，并用红外线灯光照射保持土豆片的清脆爽口。餐馆前上方竖有一面大型双拱招牌。食品价格相当便宜，生意好得出奇，年营业额高达 25 万美元。当时除了加州外，另有 6 家分店。

但麦当劳兄弟却十分保守，不愿进一步发展，克洛克对它的印象极为深刻，他随即前往与麦当劳兄弟谈判，购买了出售麦当劳店名的特许权，并负责向其他特许经营者出售全套服务标准和项目。6 年后即 1960 年，克洛克出资 270 万美元，买下了麦当劳兄弟全部的资产和经营权，以"麦当劳"为名开创了一番新天地。

克洛克首先大刀阔斧地着手改革麦当劳的联营分销体系。向对公司发展有重大影响的 4 种人发动了宣传攻势：未来的供货者、年轻有为的经理、公司第一批贷款者和联营者。他孜孜不倦和开诚布公的态度终于打动了这些合作者，使计划得以迅速推广。克洛克的联营思想确实别具一格，与众不同，不但为自己，而且为别人着想，想方设法使联营者取得成功。克洛克认为敲诈一下发一笔财并非长久之计，相反必须为联营者提供服务，与之建立相互信任的关系，一旦联营者失败，他自己也无法得到成功。所以，他总是鼓励联营者发表新设想，以有利于改进麦当劳的餐馆分销体系，并以惊人的坦率与联营者以诚相见。在克洛克的努力之下，麦当劳公司赢得了一大批具有开拓精神的联营者，而这批联营者的创造性的工作对推动麦当劳公司的发展和树立良好的公众形象起了巨大的作用。

麦当劳公司在营销上，成功地塑造了"麦当劳叔叔"的生动形象。这个"麦当劳叔叔"原是德国的一家分店发明的，由于形象可爱，容易给顾客尤其是少年儿童欢乐的感觉，于是麦当劳在世界各地快餐分店都推广了令孩子们喜爱的"麦当劳叔叔"，并经常出现在电视广告上演出逗人的节目。

麦当劳每年的广告费多达3亿多美元，占全年销售额的4%。"麦当劳叔叔"成为世界各国少年儿童的亲密伙伴，不仅仅是因为他形象可爱，麦当劳为这些小"上帝"可动了不少脑筋，开创了另一番新世界。为了吸引孩子，各分店都专门设有儿童游乐园，供孩子们边吃边玩，并重金聘请著名小丑表演滑稽逗乐节目，拍成录像播放，让孩子们笑得前仰后合，非常开心。因此，每到星期六、星期日孩子们总吵着让父母带他们到麦当劳快餐店去。在快餐店，孩子们可以在儿童乐园里游玩，父母既可以隔着大型玻璃窗注视孩子们的安全，又可以不受孩子们干扰静心用餐。

小小妙计，成就一个人

莫斯科浓郁的俄罗斯情调是令人向往的，但漫长而寒冷的冬季却让游人生怯。每到冬季前往莫斯科度周末的人很少，汤姆森假日旅游项目经办人决定打破莫斯科的坚冰，便带了一批报界人士去莫斯科度了个示范性的周末，赢得了各大刊物的报道。以此为契机，他们在隆冬季节成功地发起了去莫斯科度一个开销不大的周末的旅游项目。

负责汤姆森假日旅游项目的只有 3 个人，为首的是道格拉斯·古德曼。10 年来他坚持不懈地运用公共关系战术，为公司成长为该行业首屈一指的大企业做出了卓越的贡献。成功经营旅游业的关键在于不断推出新的度假活动，对市场开发部门而言就意味着今年的活动还在进行，下一年的详细工作计划就要准备妥当。

1983 年他们推出的夏季旅游项目有："夏日阳光""湖光山色""亲密友好""马车""别墅和公寓"等。为了让尽可能多的人了解这些项目，公司决定在 9 月 1 日发放 500 万份关于 5 种不同度假活动的便览。3 个月前，他们就进行了周密的筹划和准备，安排好了各项活动的日期，包括耗资 100 万英镑的广告活动，在伯明翰召开 3 天的推销大会，全体工作人员的集中培训，察看 16 个城市的游览路线，印刷和散发《旅游便览》，等等。

整个 8 月份的公关工作包括选择 10 个召开记者招待会的场所并预定宴席，准备邀请名单，检查发函清单，决定新闻和特写文章的要点，准备记者招待会用的稿件和 10 种不同的幻灯片，选写全国性的和地方性的新闻稿，收集关于新旅游项目的材料，适当安排外语新闻稿，办理录像，彩排节目，用一辆大车和一队客车沿途察看 16 个城市的风光，为 5000 家旅游代理商提供详细的录像介绍。

公共关系部在推出旅游活动几周后，就随车队去赢得当地公众的支持。大多数度假者都很清楚自己出国休假的时间。工厂的休假日是早已排定的，去哪儿度假也是早作打算的，因此经营旅游业务，尽早销售是非常重要的。越是在你的竞争对手推出他们的活动之前尽早落实你的活动越有利。汤姆森公司就习惯于抢先发售《旅游便览》。比如 1981 年 9 月，他们销售《旅游便览》刚一周，就订出了 6 万张票，一些代理处甚至排上了队。

当然，率先推出也有其弊，别的公司可以根据场姆森的定价制定出竞争性价格，利用便宜的价格来抢夺顾客。对于这一问题，汤姆森公司暗藏了一条锦囊妙计。

9 月 1 日该开始发行 1983 年的夏季《旅游便览》。第二天，5 家全国性的报纸、BBC 广播电台、省级报纸和电台，以及旅游出版物，都大张旗鼓地为汤姆森公司进行宣传，博得了度假者的注意。当 9 月下旬其他旅游公司开始推出他们的便览时，汤姆森公司的旅游价格出台了，与竞争对手的价格相比低得出乎人们的意料。

收取附加费可能会使消费者稍有不快，但多年来在包价旅游中已被人们接受。英镑疲软引起的海外项目成本上升，迫使旅游公司以最高 10% 的附加费让旅客承担。为了加强竞争力，10 月时，一家主要的旅游公司在推出旅游项目时保证"不收附加费"。汤姆森公司在几个小时内立即作出反应，也承诺不收附加费。

到了 11 月，旅游业开始不安起来。9 月、10 月、11 月通常是订票稳定的时期，但当年形势不妙，营业额仅达到了上年同期的 70%。公司把希望寄托在圣诞节后的几周，往年这是订票的高峰时节，大约有半数的旅游预售票在此期间卖出，但秋季售票的不良成绩颇让旅游业吃不准圣诞后的售票是否能摆脱经济衰退的影响。媒体鼓励人们沉住气，等待最后的讨价还价。为了保证最后的成功，汤姆森公司决定主动采取行动，鼓励人们订票，重新争取价格的主动权。

汤姆森公司的妙计是，在必要的情况下，重新印刷和发售《旅游便览》，提供更低的价格。这使公司的假日旅游价格非常有竞争力，会让其他旅游公司措手不及。

在严格保密的情况下，设在意大利的印刷公司重印了320页的彩色便览，至少有50个假日旅游项目减价10~50英镑，几乎在便览的每一页上都有新的标价，封面也予以重印，添上了"不收附加费"的保证和减价的声明。便览被悄悄地运到伦敦的仓库，只有几个关键的职员了解情况。他们小心翼翼地守护着这个秘密，不让竞争对手有丝毫察觉。

让人们了解重新推出旅游项目的时机终于到了。他们计划在12月6日一鸣惊人，以全面覆盖式的新闻报道连续报道3天，然后才刊出广告。道格拉斯·古德曼在沙伏伊私下订了套间，以备12月6日的记者招待会之用。舰队街的主要选稿人在上周五都接到了参加本周末上午8点30分的香槟早餐的邀请。旅游出版物的编辑们也应邀参加类似的活动。沙伏伊的招待会开得极其成功，受邀请的人无一缺席。

为了确保第二天全国性和地方性报刊上的报道，他们必须保证当晚的晚报、电台和电视的新闻节目刊登这一消息。为此，对投递稿件、打电话、发送新闻的时间顺序制订了严密的计划，以确保新闻界在视听上给人们造成最大限度的冲击。

公司的新任董事长约翰·麦克奈尔决定接受所有电台和电视台的采访。伦敦广播公司抢先播出了对麦克奈尔的采访。接着是 IRN 报业辛迪加的报道和地方电台对当地汤姆森公司发言人的采访。在隆重推出的时刻，国际电视网作了长篇、新闻报道。至此，事情的发展的确是有声有色了。BBC 电视台光临总部办公室，拍摄了供晚上 9 点新闻播放的采访。全国性的报纸想要更多的评论，不同的报纸需要不同角度的评论。《标准晚报》用通栏标题宣布了这次项目的隆重推出。

令公关部难以忘怀的是 12 月 7 日。这天，汤姆森公司取得了前所未有的报纸覆盖率。每家全国性的报纸都刊登了消息，有些甚至还刊登在头版。报道的质量更是令人惊喜，9 家全国性报纸提到汤姆森公司 72 次，若干种省级报纸在头版头条给予了报道。报纸和电台的报道持续了整整一周。

《星期日时报》居然用了一整版来介绍这次旅游项目的重新推出。电台、电视台在全国假日节目中也发布了消息。竞争对手面对汤姆森公司这手铺天盖地的"杀招"，毫无反击之力。一家主要的旅游公司在圣诞节前没有相应降价。电台采访了该公司的发言人，开门见山地就问他们是否被汤姆森公司这招棋弄得狼狈不堪。

报刊的报道使汤姆森公司的声名大振，大大削减了在全国性报纸上的广告。12月11日，也就是重新推出《旅游便览》的那一周的周末，公关人员作了专门的调查，测试公司的知名度，发现人们首先想到的就是汤姆森的假日旅游，有强烈的参加该公司假日旅游的意向。旅游刊物用大量的篇幅介绍这次重新推出，旅游代理人热烈欢迎并予以很高的评价。第二年1月创造了新的订票纪录，到1月底，旅游业务急剧回升。汤姆森公司成功地推动了旅游活动，使1983年的夏季旅游呈现良好前景。